高职高专"十四五"规划教材

自动线安装与调试

主　编　詹俊钢

副主编　付　伟　谭　娜

主　审　吕修海

北京航空航天大学出版社

内 容 简 介

本书是"自动线的安装与调试"精品课程教学资源库的配套教材之一,这些教学资源同样大大丰富了本书的内容。

本书分为两篇,共十四个项目。第一篇以天煌 THJDAL-2 型自动化生产线设备为载体,基于工作过程,将整个设备的编程调试过程分为 7 个项目进行,按照由简单到复杂,由单一到综合的顺序,分别是项目一THJDAL-2 型自动化生产线的组成与功能、项目二供料单元的编程与调试、项目三加工单元的编程与调试、项目四装配单元的编程与调试、项目五分拣单元的编程与调试、项目六输送单元的编程与调试和项目七THJDAL-2 自动化生产线联机调试。在第一篇里,自动化生产线各个工作单元的控制采用西门子 S7-200型 PLC 实现。

第二篇以亚龙 YL-335B 型自动化生产线设备为载体,基于工作过程,亦将整个设备的编程调试过程分为 7 个项目进行,按照由简单到复杂,由单一到综合的顺序,分别是项目八 YL-335B 型自动化生产线的组成与功能、项目九供料单元的编程与调试、项目十加工单元的编程与调试、项目十一装配单元的编程与调试、项目十二分拣单元的编程与调试、项目十三输送单元的编程与调试和项目十四 YL-335B 自动化生产线联机调试。在第二篇里,自动化生产线各个工作单元的控制采用西门子 S7-200SMART 型 PLC 实现。

本书结构紧凑、图文并茂、讲述连贯,配套资源丰富,具有很强的可读性、实用性和先进性,可作为高职高专、中职中专院校相关课程的教材,也可作为应用型本科、职业技能竞赛以及工业自动化技术的相关培训教材,还可作为相关工程技术人员研究自动化生产线的参考书。

图书在版编目(CIP)数据

自动线安装与调试 / 詹俊钢主编. -- 北京 : 北京
航空航天大学出版社,2020.8
 ISBN 978-7-5124-3343-4

Ⅰ. ①自… Ⅱ. ①詹… Ⅲ. ①自动生产线—安装—高
等职业教育—教材 ②自动生产线—调试方法—高等职业教
育—教材 Ⅳ. ①TP278

中国版本图书馆 CIP 数据核字(2020)第 161390 号

自动线安装与调试
主　编　詹俊钢
副主编　付伟　谭娜
主　审　吕修海
责任编辑　金友泉

＊

北京航空航天大学出版社出版发行
北京市海淀区学院路 37 号(邮编 100191)　http://www.buaapress.com.cn
发行部电话:(010)82317024　传真:(010)82328026
读者信箱:goodtextbook@126.com　邮购电话:(010)82316936
北京建宏印刷有限公司印装　各地书店经销

＊

开本:787×1 092　1/16　印张:12.5　字数:320 千字
2020 年 9 月第 1 版　2025 年 1 月第 2 次印刷　印数:2 001~2 500 册
ISBN 978-7-5124-3343-4　定价:36.00 元

前　言

  智能制造工程的核心是智慧产品和智慧工厂,自动化生产线是实现智能制造工程核心的基础。

  自动化生产线是一种较为典型的机电一体化装置,融合了机械、液压气动、传感器、PLC、网络通信、电动机驱动、电气控制、HMI 人机交互等多种技术。"自动线的安装与调试"是电气自动化技术专业的专业核心课程。

  本书以培养自动化生产线应用能力为目标,根据自动化生产线技术发展和高职教育工学结合的要求,以典型自动化生产线的工作单元为主要授课内容,开发了基于工作过程的项目化教学模式,将自动化生产线应用中的典型工作任务提炼为教学项目,以工程应用项目为载体,将理论知识和专业技能融于项目实施过程中。

  在内容安排上,本书分为两篇,共 14 个项目。第一篇以天煌 THJDAL - 2 型自动化生产线设备为载体,基于工作过程,将整个设备的编程调试过程分为 7 个项目进行,按照由简单到复杂,由单一到综合的顺序,分别是项目一 THJDAL - 2 型自动化生产线的组成与功能、项目二供料单元的编程与调试、项目三加工单元的编程与调试、项目四装配单元的编程与调试、项目五分拣单元的编程与调试、项目六输送单元的编程与调试和项目七 THJDAL - 2 自动化生产线联机调试。在第一篇里,自动化生产线各个工作单元的控制采用西门子 S7 - 200 型 PLC 实现。

  第二篇以亚龙 YL - 335B 型自动化生产线设备为载体,基于工作过程,将整个设备的编程调试过程分为 7 个项目进行,按照由简单到复杂,由单一到综合的顺序,分别是项目八 YL - 335B 型自动化生产线的组成与功能、项目九供料单元的编程与调试、项目十加工单元的编程与调试、项目十一装配单元的编程与调试、项目十二分拣单元的编程与调试、项目十三输送单元的编程与调试和项目十四 YL - 335B 自动化生产线联机调试。在第二篇里,自动化生产线各个工作单元的控制采用西门子 S7 - 200SMART 型 PLC 实现。通过这 14 个项目的设计,使本书有较高的学习指导价值。

  本书具有以下特点:

  1. 理念先进。本书基于工作过程组织内容,以典型自动化生产线为载体,按照项目引领、任务驱动的编写模式将自动化生产线的安装与调试所需的理论知识与实践技能分解到不同项目中,旨在加强学生综合技术应用和实践技能的培养。

  2. 资源丰富。本书是黑龙江农业工程职业学院"自动线的安装与调试"精品课程教学资源库的配套教材之一。在资源库项目的建设过程中,设计制作了大量的动画、仿真、视频、微课资源,读者可到手机 APP"超星"学习通学习使用。这些资源形象生动、通俗易懂,将其应用在教材的知识点讲解过程,有助于学生的自学,起到助学助教的作用。

3. 工学结合。本书内容全部是经过安装调试试验验证的真实项目,紧密结合企业当前的实际应用,便于学习者更好地掌握实践技能,满足企业实际需要。

本书结构紧凑、图文并茂、讲述连贯,配套资源丰富,具有很强的可读性、实用性和先进性,可作为高职高专、中职中专院校相关课程的教材,也可作为应用型本科、职业技能竞赛以及工业自动化技术的相关培训教材,还可作为相关工程技术人员研究自动化生产线的参考书。

本书由黑龙江农业工程职业学院的詹俊钢任主编,湖南化工职业技术学院付伟、哈尔滨轻工业学校谭娜任副主编,黑龙江农业工程职业学院谭利都参编,黑龙江农业工程职业学院,吕修海任主审。项目一到项目七由詹俊钢老师编写,项目八、项目九和项目十由付伟老师编写,项目十一、项目十二和项目十三由谭娜老师编写,项目十四由谭利都老师编写。付伟和谭利都老师负责 PPT 制作,詹俊钢和谭娜老师负责部分资源的制作。

由于编者水平有限,书中难免有错漏之处,恳请读者批评指正。

编　者
2020 年 6 月

目　　录

第一篇　天煌 THJDAL－2 型自动化生产线

项目一　THJDAL－2 型自动化生产线的组成与功能 ·················· 3

1.1　自动化生产线的基本组成 ·················· 3
1.1.1　自动化生产线的基本组成 ·················· 3
1.1.2　THJDAL－2 型自动化生产线的基本组成 ·················· 4
1.1.3　THJDAL－2 型自动化生产线的基本功能 ·················· 5

1.2　THJDAL－2 型自动化生产线的控制系统 ·················· 8
1.2.1　THJDAL－2 型自动化生产线各工作单元的结构特点 ·················· 8
1.2.2　THJDAL－2 型自动化生产线的控制系统 ·················· 9
1.2.3　THJDAL－2 型自动化生产线的安全须知 ·················· 10
1.2.4　THJDAL－2 型自动化生产线的操作说明 ·················· 11

1.3　THJDAL－2 型自动化生产线的传感器技术 ·················· 11
1.3.1　磁性开关 ·················· 12
1.3.2　电感式接近开关 ·················· 13
1.3.3　电容式接近开关 ·················· 14
1.3.4　光电接近开关 ·················· 15
1.3.5　光纤传感器 ·················· 17

1.4　THJDAL－2 型自动化生产线的气动系统 ·················· 19
1.4.1　气动系统的组成 ·················· 19
1.4.2　气源装置 ·················· 19
1.4.3　气动辅助元件 ·················· 21
1.4.4　气动执行元件 ·················· 22
1.4.5　气动控制元件 ·················· 27

项目测评 ·················· 33

项目二　供料单元的编程与调试 ·················· 34

2.1　供料单元的结构与工作过程 ·················· 34
2.1.1　供料单元的结构 ·················· 34
2.1.2　供料单元的工作过程 ·················· 35

2.2　供料单元的电路和气路设计 ……………………………………… 35

2.2.1　供料单元的电路设计 ……………………………………… 35

2.2.2　供料单元的气路设计 ……………………………………… 37

2.3　供料单元的编程与调试 …………………………………………… 38

2.3.1　程序设计 …………………………………………………… 38

2.3.2　调试与运行 ………………………………………………… 39

2.3.3　问题与思考 ………………………………………………… 39

项目测评 ………………………………………………………………… 39

项目三　加工单元的编程与调试 …………………………………………… 41

3.1　加工单元的结构与工作过程 ……………………………………… 41

3.1.1　加工单元的结构 …………………………………………… 41

3.1.2　加工单元的工作过程 ……………………………………… 42

3.2　加工单元的电路和气动设计 ……………………………………… 42

3.2.1　加工单元的电路设计 ……………………………………… 42

3.2.2　加工单元的气路设计 ……………………………………… 44

3.3　加工单元的编程与调试 …………………………………………… 46

3.3.1　程序设计 …………………………………………………… 46

3.3.2　问题与思考 ………………………………………………… 48

项目测评 ………………………………………………………………… 49

项目四　装配单元的编程与调试 …………………………………………… 50

4.1　装配单元的结构与工作过程 ……………………………………… 50

4.1.1　装配单元的结构 …………………………………………… 50

4.1.2　装配单元的工作过程 ……………………………………… 51

4.2　装配单元的电路和气动设计 ……………………………………… 52

4.2.1　装配单元的电路设计 ……………………………………… 52

4.2.2　装配单元的气路设计 ……………………………………… 55

4.3　装配单元的编程与调试 …………………………………………… 56

4.3.1　程序设计 …………………………………………………… 56

4.3.2　调试与运行 ………………………………………………… 56

4.3.3　问题与思考 ………………………………………………… 58

项目测评 ………………………………………………………………… 58

项目五　分拣单元的编程与调试 …………………………………………… 60

5.1　分拣单元的结构与工作过程 ……………………………………… 60

5.1.1　分拣单元的结构 ··· 60

5.1.2　分拣单元的工作过程 ··· 61

5.1.3　西门子 MM420 型变频器 ······································ 62

5.2　分拣单元的电路和气路设计 ·· 67

5.2.1　分拣单元的电路设计 ·· 67

5.2.2　分拣单元的气路设计 ·· 69

5.3　分拣单元的编程与调试 ·· 70

5.3.1　程序设计 ·· 70

5.3.2　调试与运行 ··· 72

5.3.3　问题与思考 ··· 72

项目测评 ·· 73

项目六　输送单元的编程与调试 ·· 74

6.1　输送单元的结构与工作过程 ·· 74

6.1.1　输送单元的结构 ··· 74

6.1.2　输送单元的工作过程 ··· 75

6.1.3　步进电动机及驱动器 ··· 75

6.2　输送单元的电路和气路设计 ·· 77

6.2.1　输送单元的电路设计 ··· 77

6.2.2　输送单元的气路设计 ··· 79

6.3　输送单元的编程与调试 ·· 80

6.3.1　程序设计 ·· 80

6.3.2　调试与运行 ··· 82

6.3.3　问题与思考 ··· 83

项目测评 ·· 83

项目七　THJDAL－2 自动化生产线联机调试 ························· 84

7.1　PPI 网络通信 ··· 84

7.1.1　西门子 PPI 通信概述 ·· 84

7.1.2　PPI 通信与组网实例 ··· 84

7.2　THJDAL－2 联机程序编程与调试 ································· 91

7.3　常见故障诊断与排除 ·· 95

项目测评 ·· 96

第二篇　亚龙 YL-335B 型自动化生产线

项目八　YL-335B 型自动化生产线的组成与功能 ················ 99

8.1　YL-335B 型生产线的组成与功能 ··············· 99

8.1.1　YL-335B 型自动化生产线的基本组成 ············· 99

8.1.2　YL-335B 型自动化生产线的基本功能 ············· 100

8.2　YL-335B 型生产线的控制系统 ··············· 103

8.2.1　YL-335B 型自动化生产线各工作单元的结构特点 ······ 103

8.2.2　YL-335B 型自动化生产线的控制系统 ············ 104

8.2.3　人机界面 ······························· 105

8.2.4　供电电源 ······························· 105

项目测评 ·································· 106

项目九　供料单元的编程与调试 ······················ 108

9.1　供料单元的结构与工作过程 ··············· 108

9.1.1　供料单元的结构 ······················ 108

9.1.2　供料单元的工作过程 ···················· 108

9.2　供料单元的电路和气路设计 ··············· 109

9.2.1　供料单元的电路设计 ···················· 109

9.2.2　供料单元的气路设计 ···················· 111

9.3　供料单元的编程与调试 ················· 112

9.3.1　程序设计 ·························· 112

9.3.2　调试与运行 ························ 115

9.3.3　问题与思考 ························ 115

项目测评 ·································· 115

项目十　加工单元的编程与调试 ······················ 116

10.1　加工单元的结构与工作过程 ··············· 116

10.1.1　加工单元的结构 ····················· 116

10.1.2　加工单元的工作过程 ·················· 118

10.2　加工单元的电路和气路设计 ··············· 118

10.2.1　加工单元的电路设计 ·················· 118

10.2.2　加工单元的气路设计 ·················· 120

10.3　加工单元的编程与调试 ················· 121

10.3.1　程序设计 ·························· 121

10.3.2　调试与运行 ·· 124

10.3.3　问题与思考 ·· 125

项目测评 ·· 125

项目十一　装配单元的编程与调试 ·································· 126

11.1　装配单元的结构与工作过程 ·· 126

11.1.1　装配单元的结构 ·· 126

11.1.2　装配单元的工作过程 ·· 129

11.2　装配单元的电路和气路设计 ·· 129

11.2.1　装配单元的电路设计 ·· 129

11.2.2　装配单元的气路设计 ·· 131

11.3　装配单元的编程与调试 ·· 133

11.3.1　程序设计 ·· 133

11.3.2　调试与运行 ·· 140

11.3.3　问题与思考 ·· 140

项目测评 ·· 140

项目十二　分拣单元的编程与调试 ·································· 141

12.1　分拣单元的结构与工作过程 ·· 141

12.1.1　分拣单元的结构 ·· 141

12.1.2　分拣单元的工作过程 ·· 143

12.1.3　光电编码器 ·· 143

12.2　分拣单元的电路和气路设计 ·· 144

12.2.1　分拣单元的电路设计 ·· 144

12.2.2　分拣单元的气路设计 ·· 146

12.3　分拣单元的编程与调试 ·· 147

12.3.1　程序设计 ·· 147

12.3.2　调试与运行 ·· 152

12.3.3　问题与思考 ·· 152

项目测评 ·· 152

项目十三　输送单元的编程与调试 ·································· 153

13.1　输送单元的结构与工作过程 ·· 153

13.1.1　输送单元的结构 ·· 153

13.1.2　输送单元的工作过程 ·· 156

13.1.3　松下 A5 系列伺服电动机 ·· 156

13.2　输送单元的电路和气路设计 ……………………………………… 160
　　13.2.1　输送单元的电路设计 ……………………………………… 160
　　13.2.2　输送单元的气路设计 ……………………………………… 163
13.3　输送单元的编程与调试 …………………………………………… 164
　　13.3.1　程序设计 …………………………………………………… 164
　　13.3.2　调试与运行 ………………………………………………… 168
　　13.3.3　问题与思考 ………………………………………………… 168
项目测评 …………………………………………………………………… 168

项目十四　YL‑335B 型自动化生产线联机调试 …………………… 169

14.1　MCGS 触摸屏界面设计 …………………………………………… 169
　　14.1.1　触摸屏工程规划 …………………………………………… 169
　　14.1.2　触摸屏工程制作 …………………………………………… 170
14.2　西门子 S7‑200 SMART 型 PLC 的 GET/PUT 通信 ……………… 172
　　14.2.1　通信数据设计 ……………………………………………… 172
　　14.2.2　网络读写向导设置 ………………………………………… 173
14.3　YL‑335B 联机程序编程与调试 …………………………………… 176
14.4　常见故障诊断与排除 ……………………………………………… 185
项目测评 …………………………………………………………………… 186

项目测评答案 …………………………………………………………… 187

参考文献 ………………………………………………………………… 188

第一篇
天煌 THJDAL – 2 型自动化生产线

项目一 THJDAL – 2 型自动化生产线的组成与功能

项目二 供料单元的编程与调试

项目三 加工单元的编程与调试

项目四 装配单元的编程与调试

项目五 分拣单元的编程与调试

项目六 输送单元的编程与调试

项目七 THJDAL – 2 自动化生产线联机调试

项目一　THJDAL－2型自动化生产线的组成与功能

1.1　自动化生产线的基本组成

现代化的自动生产设备(自动生产线)的最大特点是其综合性和系统性。综合性是指将机械、微电子、电工电子、传感测试、信息变换、网络通信和接口等多种技术进行有机结合,并综合应用到生产设备中。而系统性指的是生产线的传感检测、传输与处理、控制、执行与驱动等机构在微处理单元的控制下有序协调地工作,有机地融合在一起。随着轻工业生产的发展和工厂规模的日益扩大,产品的产量不断提高,原来的单机生产已经不能满足现代化生产需求。现代化的大规模工厂都采用由电子计算机、智能机器人、各种高级自动化机械以及智能型检测、控制、调节装置等按产品生产工艺的要求而组合成的全自动生产系统进行生产。20 世纪 20 年代,在汽车工业中出现了流水生产线和半自动化生产线,随后发展成为自动化生产线。进入 21 世纪,随着科学技术的进步和经济的发展,工业生产中广泛使用各种各样的自动化生产线,由此自动化生产线得到了更广泛的应用。

自动线的安装与
调试课程介绍

1.1.1　自动化生产线的基本组成

利用输送装置将自动生产机、辅助设备按产品的生产顺序组合,并以一定的节拍完成生产;物品由一端不断送入,生产材料在相应工位加入,经过各工序的加工后,产品从末端输出,这种生产设备的组合系统称为流水生产线。

在流水生产线的基础上,再配以必要的自动检测、控制、调整补偿装置及自动供送料装置,使物品在无须人工直接参与操作情况下自动完成供送、生产的全过程,并取得各机组间的平衡协调,这种工作系统就称为自动化生产线。

自动化生产线主要由基本设备、运输储存装置和控制系统三大部分组成,如图1-1所示。自动生产机是最基本的工艺设备,而运输储存装置则是必要的辅助装置,它们都依靠自动控制系统来完成确定的工作循环。所以,运输储存装置和自动控制系统是区分流水生产线和自动化生产线的重要标志。当今出现的自动化生产线,逐渐采用了系统论、信息论、控制论和智能论等现代工程基础科学,应用各种新技术来检测生产质量和控制生产工艺过程的各环节。

自动化生产线的建立已为产品生产过程的连续化、高速化奠定了基础。今后不但要求有更多的不同产品和规格的自动化生产线,并且还要实现产品生产过程的综合自动化,即向自动化生产车间和自动化生产工厂的方向发展。在自动化生产线的终端,由人驾驶运输工具(如铲车)将生产成品运往仓库或集装箱运输车上,也有设置移动式堆码机来完成最后这道工序的。

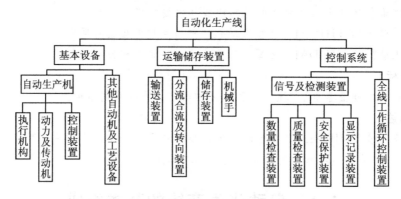

图1-1 自动化生产线的基本组成

1.1.2 THJDAL-2型自动化生产线的基本组成

THJDAL-2型自动化生产线实训考核设备在铝合金导轨式实训台上安装送料、加工、装配、输送、分拣等工作单元,构成一个典型的自动化生产线的机械平台。系统各机构采用了气动驱动、变频器驱动和步进电机位置控制等技术。系统的控制方式采用每一工作单元由一台PLC承担其控制任务,各PLC之间通过RS485串行通信实现互联的分布式控制。因此,THJDAL-2综合应用了多种技术,如气动控制技术、机械技术(机械传动、机械连接等)、传感器应用技术、PLC控制和组网、步进电机和伺服电机位置控制和变频器技术等。利用THJDAL-2设备可以模拟一个与实际生产情况十分接近的控制过程,使学习者得到一个非常接近于实际工况的教学设备环境,从而缩短了理论教学与实际应用之间的距离。

本课程主要阐述THJDAL-2型自动生产线实训考核设备的基本结构、工作原理和工作过程。配套教材采用项目教学的方法介绍本装备所涉及的技术,使学生在知识的学习和综合应用、PLC的编程和组网能力、设备的安装与调试等方面能得到较好的学习效果。

天煌THJDAL-2型自动化生产线实训考核设备(以下简称THJDAL-2)由供料单元、加工单元、装配单元、分拣单元和输送单元5个单元组成。每一个工作单元既是一个独立的系统,同时又是一个机电一体化系统中的一部分。各个单元的执行机构以气动执行机构为主,但输送单元的机械手装置整体运动则采取伺服电机驱动、实现精确定位的位置运动控制方式,该驱动系统具有长行程、多定位点的特点,是典型的一维位置控制系统。分拣单元的传送带驱动则采用了通用变频器驱动三相交流异步电动机的传动装置。位置控制和变频器技术是现代工业应用最为广泛的电气控制技术。THJDAL-2外观如图1-2所示。

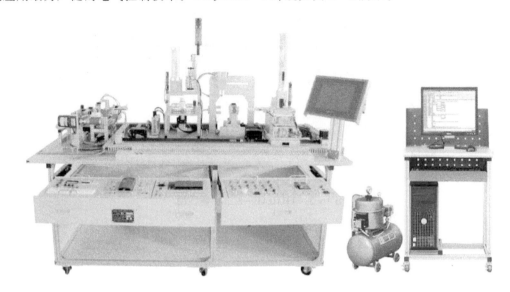

图1-2 THJDAL-2型自动化生产线实训考核设备

THJDAL-2应用了多种类型的传感器,分别用于判断物体的有无、颜色及材质、运动位置和运动状态等。传感器技术是机电一体化装备应用技术中的关键技术之一,也是现代工业实现高度自动化的前提之一。

在控制方面,THJDAL-2采用了基于RS485串行通信的PLC网络控制方案,即每个工作单元由一台PLC承担其控制任务,各PLC之间通过RS485串行通信实现互联的分布式控制。用户可根据需要选择不同厂家的PLC型号及其所支持的RS485通信模式,组建成一个小型的PLC网络。小型PLC网络以其结构简单、价格低廉的特点在小型自动化生产线有着广泛的应用,在现代工业网络通信中仍占据相当的份额。另一方面,掌握基于RS485串行通信的PLC网络技术,将为进一步学习现场总线技术、工业以太网技术等打下了良好、扎实的基础。

THJDAL-2型自动化
生产线联机运行

1.1.3 THJDAL-2型自动化生产线的基本功能

THJDAL-2各工作单元在实训台上的分布情况如图1-3所示。各个工作单元的基本功能如下:

1. 供料单元的基本功能

供料单元是THJDAL-2中的起始单元,在整个系统中,始终向系统中的其他单元提供原料。具体的功能是:按照需要将放置在料仓中待加工工件(原料)自动地推出到物料台上,以便输送单元的机械手将其抓取,输送到其他单元上。图1-4所示为供料单元的实物图。

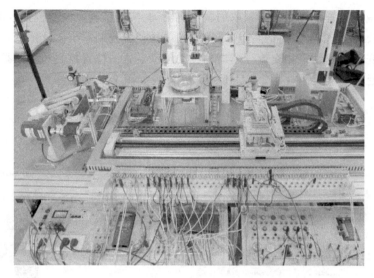

图 1 – 3　THJDAL – 2 结构俯视图

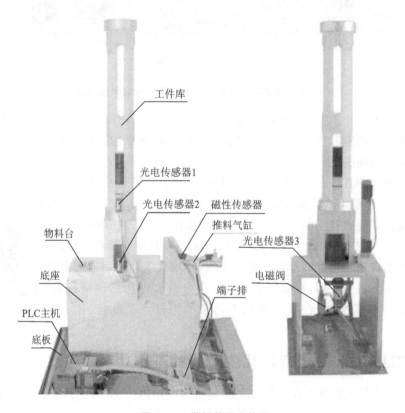

图 1 – 4　供料单元实物图

2. 加工单元的基本功能

加工单元的功能是完成把待加工工件从物料台移送到加工区域冲压气缸的正下方,完成对工件的冲压加工,然后把加工好的工件重新送回物料台。图 1 – 5 所示为加工单元实物图。

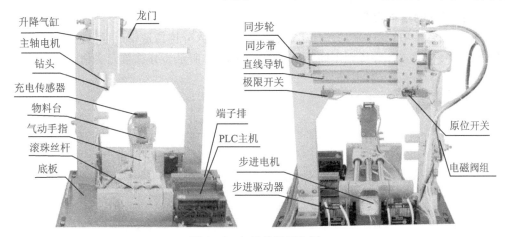

图 1－5　加工单元实物图

3. 装配单元的基本功能

　　装配单元的功能是：装配站旋转工作台的传感器检测到工件后，旋转工作台顺时针旋转，将工件旋转到井式供料单元下方，井式供料单元顶料气缸伸出顶住倒数第二个工件；挡料气缸缩回，工件库中底层的工件落到待装配工件上，挡料气缸伸出到位，顶料气缸缩回物料落到工件库底层，同时旋转工作台顺时针旋转，将工件旋转到冲压装配单元下方，冲压气缸下压，完成工件紧合装配后，气缸回到原位，旋转工作台顺时针旋转到待搬运位置，完成一次装配过程。装配单元的实物图如图 1－6 所示。

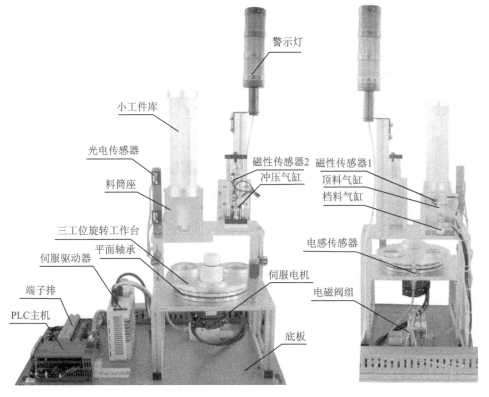

图 1－6　装配单元实物图

4. 分拣单元的基本功能

分拣单元将上一单元送来的已加工、装配的工件送入分拣传送带上,经过分拣区的传感器检测,将不同颜色的工件分拣到不同的料槽中。图1-7所示为分拣单元实物图。

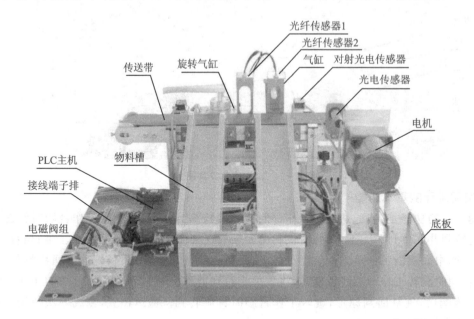

图1-7 分拣单元实物图

5. 输送单元的基本功能

输送单元通过直线运动传动机构驱动抓取机械手装置到指定单元的物料台上,并精确定位,在该物料台上抓取工件后,把抓取到的工件输送到指定地点放下,实现输送工件的功能。输送单元实物图如图1-8所示。

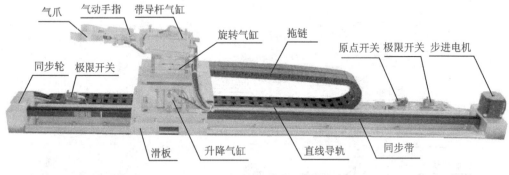

图1-8 输送单元实物图

1.2 THJDAL-2型自动化生产线的控制系统

1.2.1 THJDAL-2型自动化生产线各工作单元的结构特点

THJDAL-2采用模块组合式结构,各工作单元是相对独立的模块,并采用了标准结构和抽屉式模块放置架,具有较强的互换性。可根据实训需要或工作任务的不同进行不同的组合、安装和调试,达到模拟生产性功能和整合学习功能的目标,十分适合教学实训考核或技能竞赛。

1.2.2 THJDAL－2型自动化生产线的控制系统

1. 电源模块

三相四线380 V交流电源经三相电源总开关后给系统供电,设有保险丝,具有漏电和短路保护功能,提供两组单相双联暗插座,可以给外部设备、模块供电,并提供单、三相交流电源,同时配有安全连接导线。

2. 按钮模块

提供红、黄、绿三种指示灯(DC24 V),复位、自锁按钮,急停开关、转换开关和蜂鸣器。提供24 V/6 A、12 V/5 A直流电源,为外部设备提供直流电源。

3. 变频器模块

西门子系统采用MM420系列高性能变频器,三相交流380 V电源供电,输出功率0.75 kW。具有八段速控制制动功能、再试功能以及根据外部SW调整频率增件和记忆功能。具备电流控制保护、跳闸(停止)保护、防止过电流失控保护、防止过电压失控保护。

4. PLC模块

西门子系统采用CPU226(DC/DC/DC)主机,内置数字量I/O(24路数字量输入/16路数字量输出),具有2轴脉冲输出功能。每个PLC的输入端均设有输入开关,PLC的输入/输出接口均已连接到面板上,方便用户使用。

5. 步进电机驱动器模块

采用工业级步进电机驱动器,直流24 V供电,安全可靠,且脉冲信号端、方向控制端、紧急制动端、电机输出端等均已引到面板上,开放式设计,符合实训安装要求。控制系统如图1－9所示。

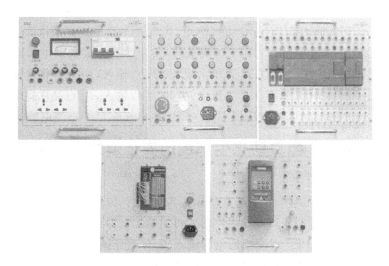

图1－9 控制系统

6. PLC 的网络配置

当各工作单元通过网络互联构成一个分布式的控制系统时,THJDAL-2 的标准配置是采用 PPI 通信方式。THJDAL-2 的 PPI 通信如图 1-10 所示。

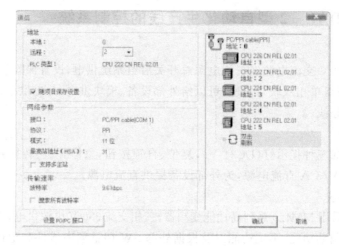

(a) PPI通信界面

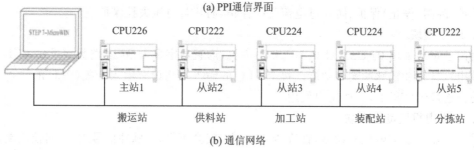

(b) 通信网络

图 1-10　THJDAL-2 的 PPI 通信

各工作单元 PLC 配置如下:

① 输送单元:CPU226 DC/DC/DC 主机单元,共 24 点输入,16 点晶体管输出。

② 供料单元:CPU222 AC/DC/RLY 主机单元,共 8 点输入,6 点继电器输出。

③ 加工单元:CPU224 DC/DC/DC 主机单元,共 14 点输入,10 点晶体管输出。

④ 装配单元:CPU224 DC/DC/DC 主机单元,共 14 点输入,10 点晶体管输出。

⑤ 分拣单元:CPU222 AC/DC/RLY 主机单元,共 8 点输入,6 点继电器输出。

1.2.3　THJDAL-2 型自动化生产线的安全须知

该自动化生产线的安全须知如下:

① 在进行安装、接线等操作时,务必在切断电源后进行,以避免发生事故。

② 在进行配线时,勿将配线屑或导电物落入可编程控制器或变频器内。

③ 勿将异常电压接入 PLC 或变频器电源输入端,以避免损坏 PLC 或变频器。

④ 勿将 AC 电源接于 PLC 或变频器输入/输出端子上,以避免烧坏 PLC 或变频器,应仔细检查接线是否有误。

⑤ 在变频器输出端子(U、V、W)处不要连接交流电源,以避免受伤及火灾,应仔细检查接

线是否有误。

⑥ 伺服关闭电源至少15 min后才能进行配线或检查,否则可能导致触电。

⑦ 当变频器通电或正在运行时,切打开变频器前盖板,否则危险。

⑧ 在插拔通信电缆时,务必确认PLC输入电源处于断开状态。

1.2.4　THJDAL－2型自动化生产线的操作说明

该自动化生产线的操作说明如下:

① 按照搬运站的PLC控制原理图和端子接线图用安全导线完成按钮模块、PLC模块、变频器模块输入/输出端与实训系统端子排之间的连接。

② 变频器的电源输入端L1、L2、L3分别接到电源模块中三相交流电源U、V、W端;变频器输出端U、V、W分别接到接线端子排的电机输入端1、2、3。

③ 将系统左侧的三相四芯电源插头插入三相电源插座中,开启电源控制模块中三相电源总开关,U、V、W端输出三相380 V交流电,两组单相双连暗插座分别输出220 V交流电。

④ 用三芯电源线分别从单相双连暗插座引出交流220 V电源到PLC模块、按钮模块和步进电机驱动器模块的电源插座上。

⑤ 在编程软件中打开样例程序或由用户编写控制程序,进行编译,当程序有错误时根据提示信息进行相应的修改,直至编译无误为止;编译完成后,用通信编程电缆连接计算机串口与PLC通信口,打开PLC模块电源开关,将五个程序分别下载到各自对应的PLC中;下载完毕后将PLC的"RUN/PROG"开关拨至"RUN"状态,运行PLC。

⑥ 按下按钮模块中的SB4"复位"按钮,系统进入复位状态,所有参数清零。同时警示灯黄灯常亮。如果复位完成,则绿灯闪烁,可以启动。此时如果工件库有物料,黄灯灭,否则黄灯闪烁。

⑦ 当绿灯闪烁时按下SB5"启动"按钮,系统启动,执行工件搬运、加工、装配、分拣工程。

THJDAL－2生产线
操作步骤

⑧ 按下SB6"停止"按钮后,系统运行完一个周期后停止,同时红灯闪烁。按"启动"按钮可继续运行。

⑨ 按下"急停"按钮后,系统立即停止。拿掉没有完成的工件,按复位按钮,等系统复位后,才能重新运行。

1.3　THJDAL－2型自动化生产线的传感器技术

THJDAL－2型自动化生产线各工作单元所使用的大部分传感器都是接近传感器,它利用传感器对所接近的物体具有的敏感特性来识别物体的接近,并输出相应的开关信号。因此,接近传感器通常也称为接近开关。接近传感器有多种检测方式,包括利用电磁感应引起的检测对象的金属体中产生的涡电流的方式、捕捉检测体的接近引起的电气信号的容量变化的方式、利用磁性开关的方式、利用光敏效应和光电转换器件作为检测元件等。

接近传感器主要有磁性开关、漫射式光电接近开关和电感式接近开关,如图1-11所示。

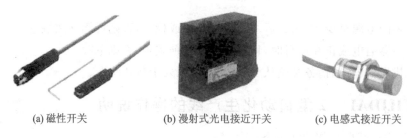

| (a) 磁性开关 | (b) 漫射式光电接近开关 | (c) 电感式接近开关 |

图 1-11　接近传感器实物图

1.3.1　磁性开关

1. 磁性开关的原理

　　THJDAL-2型生产线所使用的气缸都是带磁性开关的。这些气缸的缸筒采用导磁性弱、隔磁性强的材料，如硬铝、不锈钢等。在非磁性体的活塞上安装一个永久磁铁构成的磁环，这样就提供了一个反映气缸活塞位置的磁场。而安装在气缸外侧的磁性开关则用来检测气缸活塞位置，即检测活塞的运动行程。有触点式的磁性开关用舌簧开关作为磁场检测元件。舌簧开关成型于合成树脂块内，一般情况下，将动作指示灯、过电压保护电路也塑封在内。图 1-12 所示是带磁性开关气缸的工作原理图。

磁性开关工作过程

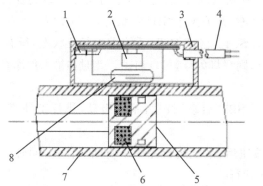

1—动作指示灯；2—保护电路；3—开关外壳；4—导线；
5—活塞；6—磁环(永久磁铁)；7—缸筒；8—舌簧开关

图 1-12　带磁性开关气缸的工作原理图

　　当气缸中随活塞移动的磁环靠近开关时，舌簧开关的两根簧片被磁化而相互吸引触点闭合；当磁环移开开关后，簧片失磁，触点断开。当触点闭合或断开时发出电控信号，在 PLC 的自动控制中，可以利用该信号判断气缸的运动状态或活塞所处的位置，从而确定工件是否被推出或活塞是否返回。

2. 磁性开关的安装

　　磁性开关上的动作指示灯(LED)用于显示其信号状态，供调试时使用。磁性开关动作时，输出信号" 1"，LED 亮；磁性开关不动作时，输出信号" 0"，LED 不亮。磁性开关的安装位置可以调整，调整方法是松开它的紧固定位螺栓，让磁性开关顺着气缸滑动，到达指定位置后，再旋紧固定螺栓。

3. 磁性开关的接线

磁性开关有蓝色和棕色两根引出线,使用时蓝色引出线应连接到直流电源负极,棕色引出线应连接到 PLC 输入端,PLC 输入端子公共端接到直流电源正极。磁性开关的内部电路如图 1－13 中点画线框内所示。串联电阻限制电流大小,保护触点不被烧毁;串联二极管保证在电源极性接反时保护内部电路。

4. 磁性开关使用时的注意事项

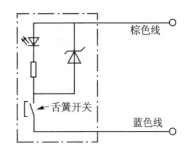

图 1－13　磁性开关的内部电路

① 安装时,不得让开关受过大的冲击力(如将开关打入、抛扔等),否则会损坏开关。

② 不能让磁性开关处于水或冷却液中使用。

③ 绝对不要用于有爆炸性、可燃性气体的环境中。

④ 周围有强磁场、大电流(如电焊机等)的环境中应选用耐强磁场的磁性开关。

⑤ 不要把连接导线和动力线(如电动机等)、高压线合并在一起。

⑥ 磁性开关周围不要有切削末、焊渣等铁粉存在,若其堆积在开关上,会使开关的磁力减弱,甚至失效。

⑦ 在温度循环变化较大的环境中不得使用。

⑧ 磁性开关的配线不能直接接到电源上,必须串接负载。

⑨ 负载电压和最大负载电流都不要超过磁性开关的最大允许容量,否则其寿命会大大降低。

⑩ 从安全方面考虑,两个磁性开关之间的间距应比最大磁滞距离大 3 mm。

1.3.2　电感式接近开关

电感式接近开关是利用电涡流效应制造的传感器。电涡流效应是当金属物体处于一个交变的磁场中,在金属内部会产生交变的电涡流,该涡流又会反作用于产生它的磁场。

如果这个交变的磁场是由一个电感线圈产生的,则这个电感线圈中的电流就会发生变化,用于平衡涡流产生的磁场。利用这一原理,以高频振荡器(LC 振荡器)中的电感线圈作为检测元件,当被测金属物体接近电感线圈时产生了涡流效应,引起振荡器振幅或频率的变化,由传感器的信号调理电路(包括检波、放大、整形、输出等电路)将该变化转换成开关量输出,从而达到检测目的。

电感式接近开关的工作原理框图如图 1－14 所示。在装配单元中,为了检测装配转盘是否在原点位置,在圆盘上安装了一个金属材料的挡块,圆盘下方安装了一个电感式接近开关,如图 1－15 所示。

在接近开关的选用和安装中,必须认真考虑检测距离、设定距离,保证生产线上的接近开关可靠动作。安装距离说明如图 1－16 所示。

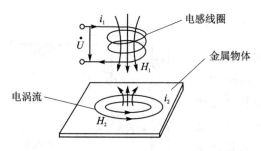

图 1 - 14　电感式接近开关的工作原理框图

图 1 - 15　电感式接近开关

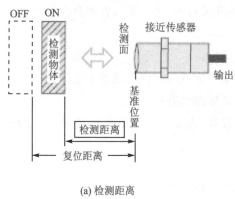

(a) 检测距离

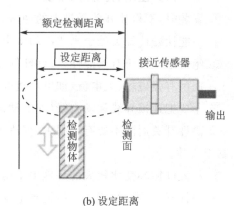

(b) 设定距离

图 1 - 16　安装距离说明

1.3.3　电容式接近开关

在高频振荡型电容式接近开关中,以高频振荡器(LC 振荡器)中的电容作为检测元件,利用被测物体接近该电容时由于电容器的介质发生变化导致电容量的变化,从而引起振荡器振幅或频率的变化,由传感器的信号调理电路将该变化转换成开关量输出,从而达到检测的目的。

电容式接近开关的分类、技术术语与主要技术指标与电感式接近开关的相同,不再赘述。常见的电容式接近开关图形符号和外形图如图 1 - 17 所示。

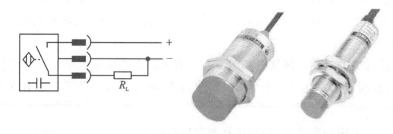

图 1 - 17　电容式接近开关图形符号和外形图

1.3.4　光电接近开关

1. 光电接近开关的工作原理

光电传感器是利用光的各种性质,检测物体的有无和表面状态的变化等的传感器。其中,输出形式为开关量的传感器称为光电接近开关。

光电接近开关主要由光发射器和光接收器构成。如果光发射器发射的光线因检测物体不同而被遮掩或反射,到达光接收器的量将会发生变化。光接收器的光敏元件将检测出这种变化,并转换为电气信号,输出电信号传送到 PLC 中。大多数接近开关使用可视光(主要为红色,也用绿色、蓝色来判断颜色)和红外光。

漫射式光电接近开关是利用光照射到被测物体上后反射回来的光线而工作的,由于物体反射的光线为漫射光,故称为漫射式光电接近开关。它的光发射器与光接收器处于同一侧位置,且为一体化结构。在工作时,光发射器始终发射检测光,若接近开关前方一定距离内没有物体,则没有光被反射到接收器,接近开关处于常态而不动作;反之,若接近开关的前方一定距离内出现物体,只要反射回来的光强度足够,则光接收器接收到足够的漫射光就会使接近开关动作而改变输出的状态。

按照接收器接收光的方式的不同,光电接近开关可分为对射式、漫射式和反射式3种,其工作原理如图1-18所示。

光电开关
工作过程

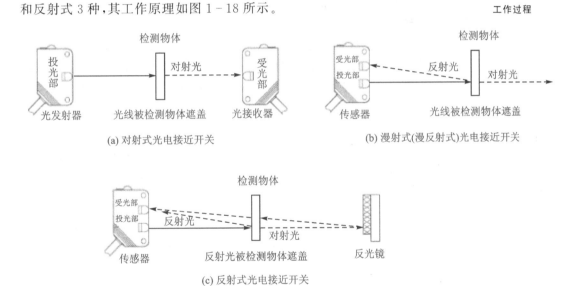

(a) 对射式光电接近开关　　　　　(b) 漫射式(漫反射式)光电接近开关

(c) 反射式光电接近开关

图 1-18　光电式接近开关的工作原理

2. 光电接近开关的调试

在供料和装配单元中,用来检测工件不足或工件有无的漫射式光电接近开关选用 OMRON 公司的 CX-441(E3Z-L61)型放大器内置型光电开关(细小光束型,NPN 型晶体管集电极开路输出)。CX-441(E3Z-L61)型光电接近开关的外形和调节旋钮与显示灯如图1-19所示。图中动作转换开关的功能是选择受光动作(Light)或遮光动作(Drag)模式,即当此开关按顺时针方向充分旋转时(L 侧),则进入检测 ON 模式;当此开关按逆时针方向充分旋转时(D 侧),则进入检测 OFF 模式。

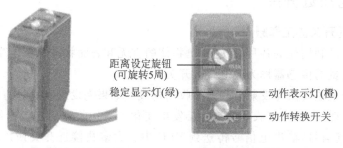

(a) E3Z-L型光电开关外形　　　(b) 调节旋钮和显示灯

图 1-19　光电式接近开关的外形和调节旋钮与显示灯

距离设定旋钮是 5 周回转调节器。调整距离时注意逐步轻微旋转,否则距离设定旋钮会空转。调整的方法是,首先按逆时针方向将距离设定旋钮充分旋到最小检测距离(E3Z-L61约为 20 mm),然后根据要求距离放置检测物体,按顺时针方向逐步旋转距离设定旋钮,找到传感器进入检测条件的点;拉开检测物体距离,按顺时针方向进一步旋转距离设定旋钮,找到传感器再次进入检测状态,一旦进入,向后旋转距离设定旋钮直到传感器回到非检测状态的点。两点之间的中点为稳定检测物体的最佳位置。

3. 光电接近开关的接线

CX-441(E3Z-L61)型光电接近开关的内部电路原理框图如图 1-20 所示。该光电接近开关是 NPN 型三线制传感器,输出三根线:棕色、蓝色与黑色。棕色线接 24 V 电源正极,蓝色线接 24 V 电源负极,黑色线是信号输出线,接 PLC 输入端子。PLC 输入端子公共端接24 V 电源正极。

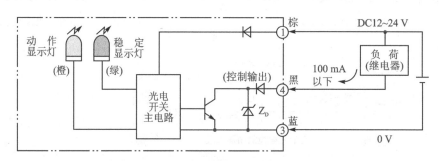

图 1-20　E3Z-L61 光电接近开关的内部电路原理图

4. 圆柱形漫射式光电接近开关

用来检测物料台上有无物料的光电接近开关是一个圆柱形漫射式光电接近开关,其工作时向上发出光线,从而透过小孔检测是否有工件存在。该光电开关选用 SICK 公司产品MHT15-N2317 型光电接近开关,其外形如图 1-21 所示。

5. 接近开关的图形符号

部分接近开关的图形符号如图 1-22 所示。图 1-22(a)~(c)三种情况均使用 NPN 型晶体管集电极开路输出。如果是使用 PNP 型的,正负极性应反过来。

图1－21　N2317光电接近开关的外形图

  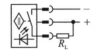

(a) 通用图形符号　　(b) 电感式接近开关　　(c) 光电式接近开关　　(d) 磁性开关

图1－22　接近开关的图形符号

6. 光电接近开关使用中应注意的事项

① 适当的检测距离(超过检测距离及在不感应区域中)。

② 选择合适的输出类型(Light on 或 Dark on)。

③ 根据被测物的大小选择合适的光点(光纤)。

④ 环境光及安装位置(避免并排同向安装)的影响。

⑤ 被检测物颜色的影响:红色光源对绿色和黑色不敏感;蓝色光源对绿色、红色和黑色不敏感;绿色光源对红色和黑色不敏感。

1.3.5　光纤传感器

1. 光纤传感器的原理

光纤传感器是光电传感器中的一种,其基本工作原理是将来自光源的光经过光纤送入调制器,使待测参数与进入调制器的光相互作用放大后,导致光的光学性质(如光的发光强度、波长、频率、相位、偏振态等)发生变化,变为被调制的信号光后,再利用被测量对光的传输特性施加的影响,完成测量。光纤传感器由光纤检测头和光纤放大器两部分组成,放大器和光纤检测头是分离的两个部分,光纤检测头的尾端部分分成两条光纤,使用时分别插入放大器的两个光纤孔。光纤传感器组件如图1－23所示。

光纤传感器
检测动作指示

其中,光纤传感器组件外形及放大器的安装示意图如图1－24所示。

2. 光纤传感器的特点

① 抗电磁干扰、可工作于恶劣环境。

② 传输距离远,使用寿命长。

③ 光纤头具有较小的体积,可以安装在很小空间的地方。

④ 光纤传感器中放大器灵敏度的调节范围较大。

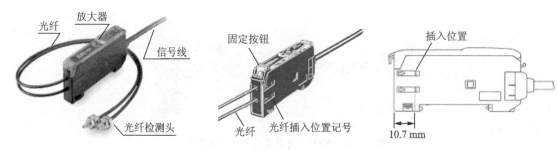

图 1-23 光纤传感器组件   图 1-24 光纤传感器组件外形及放大器的安装示意图

3. 光纤传感器灵敏度的调节

当光纤传感器灵敏度调得较小时,光电探测器无法接收到反射性较差的黑色物体的反射信号;而反射性较好的白色物体,光电探测器就可以接收到反射信号。若调高光纤传感器灵敏度,则即使对反射性较差的黑色物体,光电探测器也可以接收到反射信号。

图 1-25 给出了光纤传感器放大器单元的俯视图,调节其中部的 8 旋转灵敏度高速旋钮就能进行放大器灵敏度调节(顺时针旋转灵敏度增大)。调节时,会看到"入光量显示灯"发光的变化。当探测器检测到物料时,"动作显示灯"会亮,提示检测到物料。

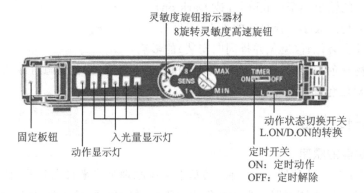

图 1-25 光纤传感器放大器单元的俯视图

4. 光纤传感器的接线

E3X-NA 型光纤传感器的电路框图如图 1-26 所示。接线时应注意根据导线颜色判断电源极性和信号输出线,切勿把信号输出线直接连接到电源+24 V 端。

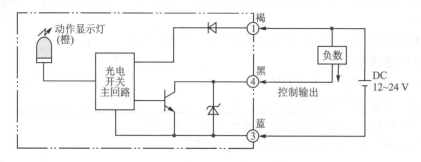

图 1-26 E3X-NA 型光纤传感器的电路框

1.4　THJDAL－2型自动化生产线的气动系统

1.4.1　气动系统的组成

　　气压传动是指以压缩空气作为工作介质传递动力和实现控制的一门技术,包含传动技术和控制技术两个方面的内容。气压传动具有防火、防爆、节能、高效、无污染等优点,在工业生产中得到了广泛应用。THJDAL－2中使用的执行机构主要是气缸,所以气动系统是THJDAL－2型自动化生产线的重要组成部分。气动系统功能是实现气压的传递、分配和控制。气动系统组成如图1－27所示。

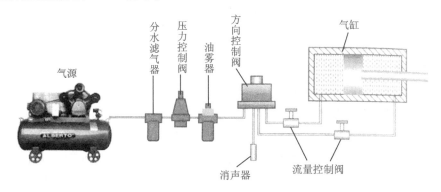

图1－27　气动系统组成

　　1. 气源装置

　　气源装置指压缩空气的发生及存储、净化的辅助装置,为系统提供合乎质量要求的压缩空气。

　　2. 气动辅助元件

　　气动辅助元件指气动系统中的辅助元件,如消声器、管道和接头等。

　　3. 气动控制元件

　　气动控制元件指控制气体压力、流量及运动方向的元件,能完成一定逻辑功能的元件,感测、转换、处理气动信号的元器件,如压力控制阀、方向控制阀和流量控制阀等。

气源装置及
辅助元件介绍

　　4. 气动执行元件

　　气动执行元件指将气体能转换成机械能以实现往复运动或回转运动的执行元件。实现直线往复运动的气动执行元件称为气缸,实现回转运动的称为气动式电动机(马达)。

1.4.2　气源装置

　　气源装置为气动系统提供满足一定质量要求的压缩空气,是气动系统的重要组成部分。气源装置由以下四部分组成:气压发生装置(空气压缩机),净化、储存压缩空气的装置和设备,管道系统和气动三联件。

　　1. 空气压缩机

　　空气压缩机将机械能转化为气体的压力能,供气动机械使用。压缩空气要具有一定压力和足够的流量,具有一定的净化程度。

2. 净化储存压缩设备

净化储存压缩空气的设备包括后冷却器、油水分离器、储气罐、干燥器。

后冷却器:将空气压缩机排出具有 140～170 ℃ 的压缩空气降至 40～50 ℃,压缩空气中的油雾和水汽分离出来。冷却方式有水冷式和气冷式两种。

油水分离器:主要利用回转离心、撞击、水浴等方法使水滴、油滴及其他杂质颗粒从压缩空气中分离出来。

储气罐:主要作用是储存一定数量的压缩空气,减少气体流动,减弱气体流动引起的管道振动,进一步分离压缩空气的水分和油分。

干燥器:主要作用是进一步去除压缩空气中含有的水分、油分、颗粒杂质等,使压缩空气干燥,用于对气源质量要求较高的气动装置、气动仪表等,主要采用吸附、离心、机械降水及冷冻等方法。

3. 管道系统

管道系统主要用于运输压缩空气。

4. 气源装置之气动三联件

气源装置中的气动三联件是气动元件及气动系统使用压缩空气的最后保证,主要由分水滤气器、减压阀、油雾器组成。分水滤气器主要是除去空气中的灰尘、杂质,并将空气中的水分分离出来。减压阀主要功能是起减压和稳压作用。油雾器主要功能是使润滑油雾化后,随压缩空气一起进入需要润滑的部件。气动三联件及图形符号如图 1-28 所示。

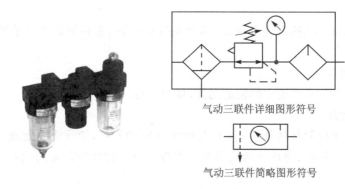

气动三联件详细图形符号

气动三联件简略图形符号

图 1-28　气动三联件及图形符号

THJDAL-2 的气源处理组件及其气动原理图如图 1-29 所示。使用时,应注意经常检查过滤及干燥系统中凝结水的水位,在超过最高标线以前必须排放,以免被重新吸入。气源处理组件的气路入口处安装一个快速开关,用于开启和关闭气源,当把快速开关向左拔出时,气路接通气源;反之,把快速开关向右推入时气路关闭。气源处理组件输入的气源来自空气压缩机,所提供的压力为 0.6～1.0 MPa,输出压力为 0～0.8 MPa 可调。输出的压缩空气通过快速三通接头和气管输送到各工作单元。

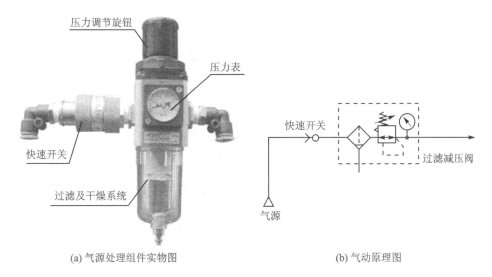

(a) 气源处理组件实物图　　　　　(b) 气动原理图

图 1 - 29　气源处理组件及气动原理图

1.4.3　气动辅助元件

气动辅助元件主要指油雾器、消声器、转换器、放大器、气管和管接头等辅助性元件。

1. 油雾器

油雾器是一种特殊的注油装置。它以空气为动力,使润滑油雾化后,注入空气中,并随空气进入需要润滑的部件,达到润滑的目的。油雾器原理及图形符号如图 1 - 30 所示。

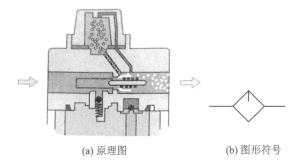

(a) 原理图　　　　　　　(b) 图形符号

图 1 - 30　油雾器原理及图形符号

2. 消声器

消声器的工作原理是通过阻尼或增加排气面积来降低排气速度和功率,从而降低噪声。其结构形式有吸收型消声器、膨胀干涉型消声器和膨胀干涉吸收型消声器。消声器的实物图及图形符号如图 1 - 31 所示。

3. 转换器

转换器主要包括气电转换器及电气转换器,如压力继电器和电磁换向阀等。

4. 管道连接件

管道连接件主要包括气管和各种管接头。气管可分为硬管和软管两种。一些固定不动的、不需要经常拆卸的地方,使用硬管。连接运动部件和临时使用、拆装方便的管路应使用软

(a) 实物图　　　　　　(b) 图形符号

图 1 - 31　消声器的实物图及图形符号

管。硬管有铁管、铜管、黄铜管和纯铜管等;软管主要是 PU 管。管接头分为卡套式、扩口螺纹式、卡箍式和快速管接头,其中快速管接头原理及实物图如图 1 - 32 所示。

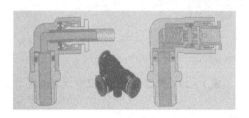

图 1 - 32　快速管接头原理及实物图

1.4.4　气动执行元件

气动执行元件的作用是利用压缩空气的能量,实现各种机械运动(直线往复运动、摆动、转动)的装置。气动执行元件具有运动速度快、输出调节方便、结构简单、制造成本低、维护方便、环境适应强等特点。主要的气动执行元件有气缸和气动马达。

气动执行
元件介绍

1. 气缸分类

(1) 按结构分类

按结构的不同,气缸分类如图 1 - 33 所示。

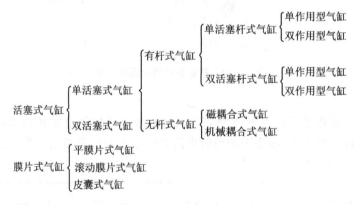

图 1 - 33　气缸结构分类

(2) 按照缸径尺寸分类

按照缸径尺寸划分,气缸可分为:

微型气缸:缸径＝2.5～6 mm。

小型气缸:缸径＝8～25 mm。

中型气缸:缸径＝32～320 mm。

大型气缸:缸径≥320 mm。

（3）按照安装形式分类

按照安装形式划分,气缸可分为整体式、可拆式和多面安装式。

（4）按照运动形式分类

按照运动的形式划分,气缸可分为:

直线气缸:沿直线运动的气缸。

摆动气缸:可在360°范围内做往复转动。

转动气缸:能连续做旋转运动的气缸。

（5）按照功能分类

按照气缸具备的某种功能划分,气缸可分为:

导向气缸:具有精密导向、驱动、支撑功能的气缸。

坐标气缸:具有精密导向、极强的抗扭矩性能和良好的负载性能、位置重复精度很高的气缸。

手指气缸:具有"手指",能实现各种抓取功能的气缸。

（6）按照外形分类

按照气缸的外形划分,气缸可分为:圆柱形气缸;矩形气缸;扁平形气缸。

气缸的种类很多,以上只是做了一个简单划分,并未包含全部。

2.气缸介绍

（1）普通气缸

在结构上只有一个活塞和一个气缸杆的气缸称为普通气缸。在气缸运动的两个方向上,根据受气压控制的方向个数的不同,又分为单作用气缸和双作用气缸。两个方向上都受手动与气压控制的气缸称为双作用气缸,只有一个方向上受气压控制的气缸称为单作用气缸。

① 基本结构。图1-34所示为普通单活塞杆双作用气缸的结构原理图,图1-35所示为普通单活塞杆单作用气缸的结构原理图。

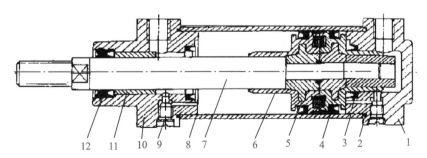

1—后缸盖；2—密封圈；3—缓冲密封圈；4—活塞密封圈；5—活塞；6—缓冲柱塞；7—活塞杆；

8—缸筒；9—缓冲节流阀；10—前缸盖；11—导向套；12—防尘密封圈；13—永久磁铁环

图1-34 普通单活塞杆双作用气缸原理图

② 图形符号。普通气缸的图形符号如图1-36、图1-37和图1-38所示。

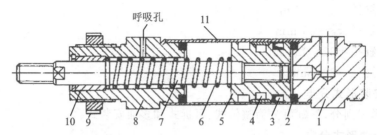

1—后缸盖；2—橡胶缓冲垫；3—活塞密封圈；4—导向环；5—活塞；6—复位弹簧；

7—活塞杆；8—前缸盖；9—固定螺母；10—导向套；11—缸筒

图 1-35　普通单活塞杆单作用气缸原理图

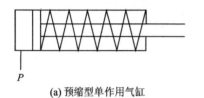

(a) 预缩型单作用气缸　　　　　　　　　(b) 预伸型单作用气缸

图 1-36　弹簧复位的单作用气缸

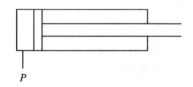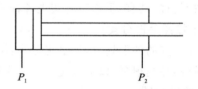

图 1-37　靠外力复位的单作用气缸　　　　**图 1-38　双作用气缸**

(2) 标准气缸

标准气缸是指符合 ISO6430、ISO6432、ISO21287、NFPA、VDMA24562 等标准的气缸。部分标准气缸的外观如图 1-39 所示。

(a) 符合ISO6432标准　　(b) 符合ISO6431标准　　(c) 符合ISO6431和VDMA标准

(d) 符合NFPA标准　　　　(e) 符合ISO21287标准

图 1-39　标准气缸

(3) 短行程气缸

短行程气缸结构紧凑,轴向尺寸比普通气缸短,即气缸杆运动的行程短,其外观如图1-40所示。它也有单作用气缸和双作用气缸两种类型。

(4) 阻挡气缸

阻挡气缸是一种专门为阻挡工件传输而设计的气缸,一般为单作用气缸。阻挡气缸具有动作迅速、安装简便的特点,其外观如图1-41所示。

图1-40　各种形式的短行程气缸　　　　图1-41　阻挡气缸的外观

(5) 双活塞杆气缸

若在缸体的两端都有活塞杆伸出,则该种气缸就称为双活塞气缸。该种气缸的活塞位于活塞杆的中间,往返形成的运动特性相同。该种气缸的活塞杆可以制成实心的,也可以制成空心的。空心活塞杆可以作为气路使用,其外观如图1-42所示。

图1-42　双活塞杆气缸的外观

(6) 无杆气缸

无杆气缸,顾名思义,就是没有活塞杆的气缸。它是通过活塞直接或间接地带动外滑块做往复运动。这种气缸的最大特点是行程长,可以大量地节省安装空间。活塞与外滑块之间的耦合方式一般有磁性耦合和机械耦合。图1-43所示为磁耦合式无杆气缸的外观。

(7) 摆动气缸

摆动气缸是指能在一定的角度范围内做往复摆动的气缸。在结构上有叶片式摆动气缸和齿轮齿条式摆动气缸。图1-44所示为叶片式摆动气缸的外观,图1-45所示为齿轮齿条式摆动气缸的外观。

(a) 无导向装置　　　　　　(b) 有导向装置

图 1 - 43　磁耦合式无杆气缸的外观

图 1 - 44　叶片式摆动气缸

高职高专"十四五"规划教材

图 1 - 45　齿轮齿条式摆动气缸

(8) 导向气缸

导向气缸是指具有导向功能的气缸,一般为(标准)气缸和导向装置的集合体。导向气缸具有导向精度高、抗扭转力矩、承载能力强、工作平稳等特点。图 1 - 46 所示为各种导向气缸的外观。

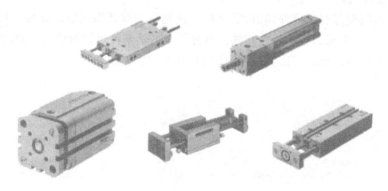

图 1 - 46　各种导向气缸的外观

(9) 手指气缸

手指气缸也称为气爪,是一种具有抓取功能的气缸。它有双向抓取、自动对中、重复精度高、抓取力矩恒定等特点。图 1 - 47 所示为平行抓手、摆动抓手的手指气缸(气爪)的外观。

(10) 扁平气缸

扁平气缸是指气缸的活塞和缸筒的形状为扁平形状的气缸。扁平气缸具有抗扭转力矩的特点。图 1 - 48 所示为几种扁平气缸的外观。

(11) 其他种类的气缸

气缸的种类很多,除了上述介绍的气缸类型外,还有气囊式气缸、止动气缸、多为气缸、气

图 1－47　平行抓手、摆动抓手手指气缸(气爪)外观

图 1－48　扁平形摆动气缸

动肌肤等类型的气缸,如图 1－49 所示。

图 1－49　其他种类的气缸

3. 气缸应用的一般安全规范

① 气缸使用前,应检查安装是否牢固,有无松动现象。

② 对于顺序控制,在操作前,应检查气缸的工作位置。

③ 工作结束时,气缸内的压缩空气应该排空。

④ 应安装紧急停止装置,在发生故障时能及时停止设备。

1.4.5　气动控制元件

气动控制元件是指在气动系统中控制气流的流量、方向、压力的气动元件。起控制与调节流量作用的元件称为流量控制阀(或流量调节阀),起控制气流方向或控制气路通断作用的元件称为方向控制阀,起控制与调节压力作用的元件称为压力控制阀(或压力调节阀)。气动控制阀的种类很多,按照控制功能的不同可分为压力控制阀、流量控制阀、方向控制阀;按结构不同可分为截止式、膜片式、平板式、针式、球式、旋塞式、滑柱式、滑块式等类型。

气动控制
元件介绍

1. 压力控制阀

按照在气动系统中的作用不同,压力控制阀可以分为:减压阀、溢流阀、顺序阀。

(1) 减压阀

减压阀在气动系统中的作用是将输入压力降到气动工作系统所需要的工作压力,并保持压力恒定。减压阀的调压方式有直动式和先导式两种。直动式利用弹簧力直接作用来达到减压目的，先导式是利用一个预先调整好的气压来代替直动式中的调压弹簧来实现调压目的。图1-50所示为几种常用的减压阀的外观。

(a) 减压阀　　(b) 定差减压阀　　(c) 标准减压阀　　(d) 精密减压阀　　(e) 减压阀气路板

图1-50　几种常见减压阀的外观

（2）溢流阀

溢流阀在气动系统中的作用是当系统中的工作压力超过设定值时，排除多余的压缩气体，以保证进口的压力为设定值。如果溢流阀在系统中起着安全保护（过载）作用，即系统的工作压力超过安全值，则该阀称为安全阀。

（3）顺序阀

顺序阀是利用回路中的压力变化来控制动作顺序的压力控制阀。

2. 流量控制阀

（1）流量控制阀简介

流量控制阀是控制压缩空气流量的控制阀，是通过改变压缩空气在管道中流动时受到的局部阻力而实现的。实现的方法有两种，一种是采用固定式装置，如孔板、毛细管等；另一种是采用可调节式装置，如节流阀。

节流阀的种类有很多种，有延时阀、节流阀、单向节流阀、排气节流阀、精密节流阀等。各种类型的单向节流阀如图1-51所示。

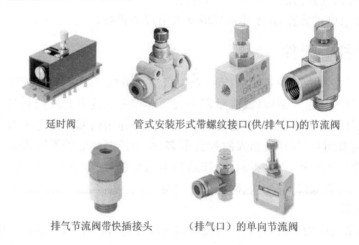

延时阀　　　管式安装形式带螺纹接口(供/排气口)的节流阀

排气节流阀带快插接头　　（排气口）的单向节流阀

图1-51　各种类型的单向节流阀

（2）图形符号

常用节流阀的图形符号如表1-1所列。

表1-1 常用节流阀的图形符号

不可调节流阀	可调节流阀	排气节流阀	带消声器的节流阀	单向节流阀

3. 方向控制阀

用于控制压缩空气流动方向的控制阀为方向控制阀。方向控制阀的种类最多，分类也较为复杂。

（1）分 类

① 按控制方式分类。按照阀的控制方式不同，一般可以把方向控制阀分为4种，即气压控制、电磁控制、机械控制和人力（手动、脚动）控制。相应的阀称为气控阀、电磁阀、机控阀和人控阀。

② 按阀的气路端口数量分类。阀的气路端口分为输入口、输出口和排气口。注意这里不包括控制气口。输入口用P表示，输出口用A表示，排气口用R或O表示。按照P口、A口和R口的数量之和进行分类，可以将阀分为二通阀、三通阀、四通阀、五通阀等。

③ 按阀芯可变换的位置数量分类。阀芯的工作位置至少有2个位置，一个是无控制信号的静态工作位置，一个是有控制信号的控制工作位置。一个阀的控制信号数量为1～2个；静态工作位置（固定的）有0～1个，因此，阀芯的工作位置数量为2～3个，对应阀称为二位阀和三位阀。

④ 按控制信号的数量分类。一个阀的控制信号数量位1～2个，这里所说的控制信号指的是同一种类的，如气压控制信号、电磁控制信号等。有的阀可能是两种不同种类的控制信号共存，但两种信号在控制功能上是"或"的逻辑关系。按控制信号的数量来分类，阀可以分为单控阀和双控阀，如单电控阀。

⑤ 按阀芯的结构分类。按照其结构的不同，阀可以分为截止式、滑柱式和同轴截止式。截止式适合于大流量的场合，滑柱式通用性强，适合于作为多位多通阀，同轴截止阀则兼具前两种类型的优点，同时克服了二者的缺点。

⑥ 按气流在阀内的流通方向是否可换进行分类。压缩空气阀内的流通方向可以有单向流通、双向流通（可互换）和截止几种情况。因此按气流在阀内的流通方向是否可换，可以分为单向阀和双向阀。

⑦ 按阀的连接方式分类。阀的连接方式有多种，按照阀的连接方式进行分类，有管式连接、板式连接、集成式连接、法兰式连接等几种。

⑧ 按照是否符合某种国际标准分类。按照是否符合某种国际标准进行分类，可以分为标准阀和普通阀。

（2）基本名称

由上面的分类可知，要全面描述一个阀，用一个简练的名称是很难概括的。下面只从设计控制回路的角度出发来简单介绍一下方向控制阀的基本命名规则。

从设计控制回路的角度出发,在选用方向控制阀时,一般要了解阀的控制方式(控制信号的类型)及控制信号的数量、气路端口的数量、阀芯的工作位置数量等信息,因此阀可以按照以下规则来描述:

① 把阀芯的工作位置数量和阀的气路端口数量放在一起描述,称为几路几通阀。例如、二位三通阀,三位五通阀等。

② 按阀的控制方式及控制信号的数量描述。例如,单/双电磁(先导)阀(也称为单/双电控阀),单/双气控阀等。

(3) 方向控制阀的图形符号

在完整的方向控制阀图形符号中应该应该包括接口情况、气路情况、阀芯位置情况及控制方式等内容。

在方向控制阀图形中,用相邻的方框表示阀芯的工作位置,方框的数量表示阀芯的位置数,在方框内用箭头(↓ ↑ ↖ ↗)或截断的短线(⊥ ⊤)表示气路的情况,在方框外用短线表示接口,在方框的两端放置控制方式符号。

控制元件的常用图形符号和控制方式符号如表 1-2 和表 1-3 所列。

表 1-2　控制元件图形符号

名 称	符 号	名 称	符 号
二位二通换向阀		二位三通换向阀	
二位四通换向阀		二位五通换向阀	
三位四通换向阀		三位五通换向阀(中位封闭型)	
三位五通换向阀(中位加压型)		二位五通换向阀(中位卸压型)	

表 1-3　控制方式图形符号

名 称	符 号	名 称	符 号
按钮式人力控制		滚轮式机械控制	
手柄式人力控制		气压先导控制	

名 称	符 号	名 称	符 号
踏板式人力控制		电磁控制	
单向滚轮式机械控制		弹簧控制	
顶杆式机械控制		加压或卸压控制	
内部压力控制		外部压力控制	

（4）常见方向控制阀

图 1 - 52 所示为几种常见方向控制阀的外观。

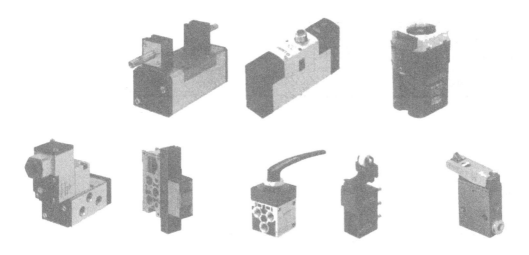

图 1 - 52 常见的方向控制阀

（5）电磁阀

电磁阀是气动控制元件中最主要的元件。

① 分类。电磁阀的分来方法很多。

按照操作方式的不同，电磁阀可以分为直动式和先导式。

按阀芯结构的不同，电磁阀可以分为截止阀、滑柱式和同轴截止式。

按使用电源的性质不同，电磁阀可分为直流型和交流型。

按使用的环境的不同，电磁阀可分为普通型和防爆型。

② 直动式电磁阀。直动式电磁阀利用电磁力直接推动阀芯改变位置达到气路换向的目的。对阀芯的控制,一端可以采用电磁线圈控制,另一端用弹簧复位的控制;也可以采用两端都是电磁线圈控制的方式。前者称为单电控直动式电磁阀,后者称为双电控制直动式电磁阀。

对于单电控制电磁阀而言,在无电控信号时,阀芯在弹簧力的作用下被复位;而对于双电控电磁阀而言,在两端都无电控制信号时,阀芯的位置取决于前一个电控信号。

注意:在应用电磁阀时,双电控电磁阀的两个电控信号不能同时为"1",既不能使电磁阀两侧的电磁线圈同时通电;否则,可能会造成电磁线圈会烧毁,当然,在此种情况下阀芯的位置是不确定的。

③ 先导式电磁阀。先导式电磁阀是由小型的直动式电磁阀和大型的气控换向阀组成的。它是利用小型制动电磁阀输出的先导气压来控制大型的气控换向阀的阀芯,从而达到换向的目的。因此,小型直动式电磁阀又称为电磁先导阀。应注意电磁阀先导阀与先导电磁阀的区别。

4. 真空发生器

真空发生器是一种粗真空发生装置。它的工作原理是射流原理,在压缩空气经过狭窄的喷嘴时,形成高速的空气流体,该高速流体会在喷嘴外口附近形成一个负压(真空)区,与负压区相通的气口处的压力即为真空压力。真空发生器的基本结构如图 1-53 所示,真空发生器的图形符号如图 1-54 所示。

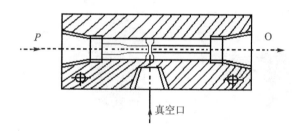

图 1-53 真空发生器的基本结构

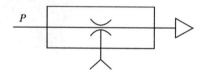

图 1-54 真空发生器的图形符号

5. 阀 岛

(1) 阀岛简介

"阀岛"译自于德语 Ventilinsel,英语译为 Valve Terminal。阀岛技术是由德国 FESTO 公司最先发明和应用的。阀岛是将多个阀及相应的气控信号接口、电控信号接口诊治电子逻辑器件等集成在一起的一种集合体,通常是一个电子气动单元。

(2) CP 阀岛

CP 阀岛又称为紧凑型阀岛,由紧凑型阀(CP 阀)组成。CP 阀的体积小、流量大、体积/流量比特别大。CP 阀岛分为 CPV 和 CPA 型。CPA 型采用的是模块化结构,可扩充,带 ASI 接口。CPV 型阀岛有独立的接口插座,可根据需要选择多针插头式接口、ASI 型接口、现场总线型接口等接口方式。图 1-55 给出了几种最优化应用阀岛的外观。

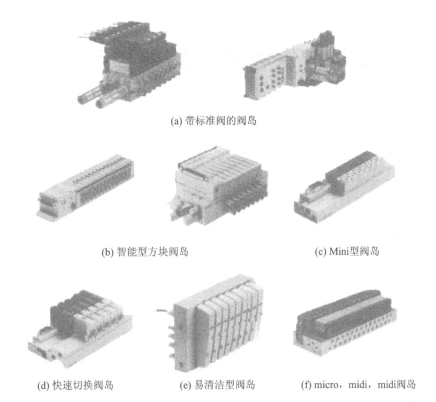

(a) 带标准阀的阀岛

(b) 智能型方块阀岛

(c) Mini型阀岛

(d) 快速切换阀岛

(e) 易清洁型阀岛

(f) micro，midi，midi阀岛

图 1-55　最优化应用阀岛

项目测评

选择题

（1）THJDAL-2型自动化生产线设备中使用的PLC是（　　　）。

A. 西门子S7-200系列PLC　　　　　　　B. 西门子S7-300系列PLC

C. 西门子S7-1200系列PLC　　　　　　D. 西门子S7-200 SMART系列PLC

（2）在THJDAL-2型自动化生产线设备上隔离开关的主要作用是（　　　）。

A. 断开电流　　　　B. 拉合线路　　　　C. 隔断电源　　　　D. 拉合空母线

（3）在THJDAL-2型自动化生产线设备设备上应用（　　　），用于判断工件有无、工件颜色和物体位置等。

A. 传感器　　　　B. 开关　　　　C. 气缸　　　　D. 电动机

（4）THJDAL-2型自动化生产线设备中使用最多的执行机构是（　　　）。

A. 传感器　　　　　　　　　　　　　B. 电磁阀

C. 三相异步电动机　　　　　　　　　D. 气缸

（5）THJDAL-2型自动化生产线设备中哪个工作单元使用了变频器（　　　）。

A. 供料单元　　　　B. 加工单元　　　　C. 装配单元　　　　D. 分拣单元

项目二 供料单元的编程与调试

【知识目标】

➤ 掌握供料单元的结构和组成

➤ 掌握供料单元的工作过程

➤ 掌握供料单元电气控制线路的接线方法和步骤

➤ 掌握供料单元气动系统的连接、调试方法和步骤

➤ 掌握供料单元 PLC 程序的编程和调试方法

【能力目标】

➤ 能够准确叙述供料单元的功能及组成

➤ 能够绘制出供料单元的电气原理图

➤ 能够绘制出供料单元的气动原理图

➤ 能够完成供料单元电路和气动系统的安装及调试

➤ 能够完成供料单元的 PLC 控制系统设计、安装及调试

【素质目标】

➤ 养成良好的职业素养、严谨的工作作风和团结协作的双创精神

【项目描述】

供料单元是 THJDAL-2 设备的初始单元，在整个系统中，起着向系统中的其他单元提供原料的作用。其功能是将放置在料仓中待加工工件(原料)自动地推出到物料台上，以便输送单元的机械手将其抓取，输送到其他单元上。在本项目中，主要学习供料单元的结构、工作过程、电路和气路分析以及 PLC 编程与调试等内容。

2.1 供料单元的结构与工作过程

2.1.1 供料单元的结构

供料单元是 THJDAL-2 中的起始单元，在整个系统中，起着向系统中的其他单元提供原料的作用。具体的功能是：按照需要将放置在料仓中待加工工件(原料)自动地推出到物料台上，以便输送单元的机械手将其抓取，输送到其他单元上。供料单元的结构组成如图 2-1 所示。

供料单元的主要结构组成是：井式工件库、推料气缸、物料台、光电传感器、磁性传感器、电磁阀、支架、机械零部件构成。

① 井式工件库：存放黑白两种工件。

② PLC 主机：控制端子与端子排相连。

③ 光电传感器 1：用于检测工件库物料是否不够。当工件库有物料时给 PLC 提供输入信号。物料的检测距离可由光电传感器头的旋钮调节，调节检测范围 1～9 cm。

④ 光电传感器 2：用于检测工件库是否有物料。当工件库有物料时给 PLC 提供输入信号。物料的检测距离可由光电传感器头的旋钮调节，调节检测范围 1～9 cm。

THJDAL-2 生产线
供料单元介绍

⑤ 光电传感器 3：用于检测物料台上是否有物料。当工件库与物料台上有物料时给 PLC 提供输入信号。物料的检测距离可由光电传感器头的旋钮调节，调节检测范围 5～30 cm。

⑥ 磁性传感器：用于气缸的位置检测，当检测到气缸准确到位后给 PLC 发出一个到位信号。

⑦ 电磁阀：用于控制气缸伸缩，当 PLC 给电磁阀一个信号，电磁阀动作，气缸推出；失电退回。

⑧ 推料气缸：由单控电磁阀控制。当电磁阀得电，气缸伸出，同时将物料送至物料台上；失电缩回。

⑨ 端子排：用于连接 PLC 输入输出端口与各传感器和电磁阀。

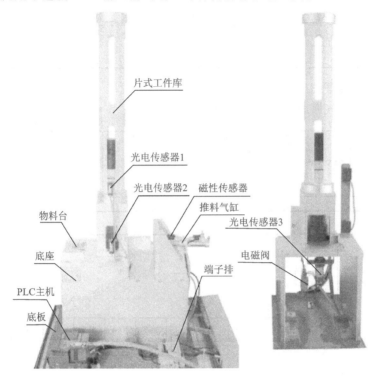

图 2-1　供料单元的结构组成

2.1.2　供料单元的工作过程

工件垂直叠放在井式工件库中，推料气缸处于料仓的底层，其活塞杆可从料仓的底部通过。当推料气缸活塞杆在退回位置时，它与最下层工件处于同一水平位置。若需要将工件推出到物料台上，首先使推料气缸活塞杆推出，把最下层工件推到物料台上，在推料气缸返回并从料仓底部抽出后，料仓中的次下层的工件在重力的作用下，就自动向下移动一个工件，为下一次推出工件做好准备。

THJDAL－2 生产线
供料单元单站运行

2.2　供料单元的电路和气路设计

2.2.1　供料单元的电路设计

1. PLC 的 I/O 地址分配

根据供料单元的 I/O 信号分配（见表 2-1）和工作任务的要求，供料单元 PLC 选用 CPU

222 AC/DC/RLY 主机单元,共 8 点输入和 6 点继电器输出。

表 2 - 1 供料单元 PLC 的 I/O 信号

输 入 信 号			输 出 信 号		
序　号	PLC 输入点	信号名称	序　号	PLC 输入点	信号名称
1	I0.0	物料不够检测	1	Q0.0	推料电磁阀
2	I0.1	物料有无检测			
3	I0.2	物料台物料检测			
4	I0.3	推料到位检测			
5	I0.4	推料复位检测			

2. PLC 的电气原理图

供料单元 PLC 电气原理如图 2 - 2 所示。

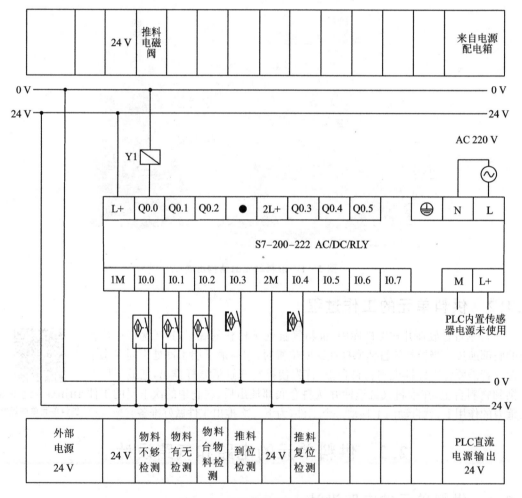

图 2 - 2 供料单元的电气原理图

3. PLC 的端子接线图

供料单元的传感器接线时需要注意:光电传感器引出线:棕色线接"＋24 V"电源,蓝色线接"0 V",黑色线接 PLC 输入;磁性传感器引出线:蓝色线接"0 V",棕色线接 PLC 输入;电磁阀引出线:红色线接"PLC 输出",黑色线接"0 V"。供料单元 PLC 端子接线如图 2-3 所示。

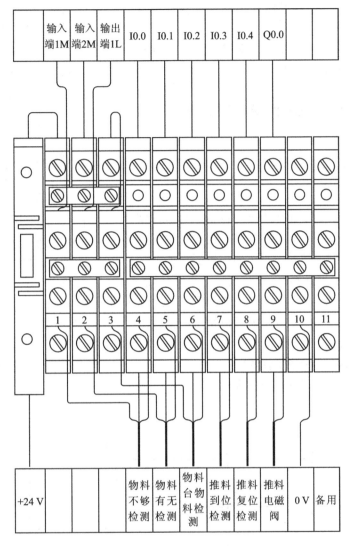

图 2-3 供料单元端子接线图

2.2.2 供料单元的气路设计

1. 气动控制回路原理图

气动控制回路是供料单元的执行机构,该执行机构的控制逻辑与控制功能是由 PLC 实现的。供料单元气动控制回路的工作原理如图 2-4 所示。图中,1Y1 为控制推料气缸的单电控二位五通电磁阀;1B1 和 1B2 为安装在推料气缸的两个极限工作位置的磁感应接近开关;通常这个气缸的初始位置在缩回状态。

2. 气路部分的连接和调试

连接步骤:从汇流排开始,按图 2-4 所示的供料单元气动控制回路工作原理图连接电磁阀、气缸。连接时注意气管走向应按序排布,均匀美观,不能交叉、打折,气管要在快速接头中插紧,不能有漏气现象。

气路调试包括:

① 用电磁阀上的手动换向加锁钮验证顶料气缸和推料气缸的初始位置和动作位置是否正确。

② 调整气缸节流阀以控制活塞杆的往复运动速度,伸出速度以不推倒工件为准。

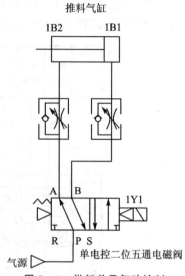

图 2 - 4　供料单元气动控制
回路工作原理图

2.3　供料单元的编程与调试

2.3.1　程序设计

1. 编程思路

本项目只考虑供料单元作为独立设备运行时的情况,供料单元工作的主令信号来自 PLC 的内部继电器或者外部上位机触摸屏控制。具体的控制要求如下:

① 料仓有料,料台无料时,推料气缸正常推料,推料到位后缩回。

② 若料台无工件,推料气缸缩回到位后,则延时 1 s 后再次推料。

③ 料仓缺料时指示灯 1 Hz 闪烁报警,料仓无料时,2 Hz 闪烁报警。

④ 写出本单元的 PLC 梯形图程序,并进行调试,满足系统的设计要求。

2. 供料单元单站运行控制程序

供料单元单站运行部分梯形图程序如图 2 - 5 所示。

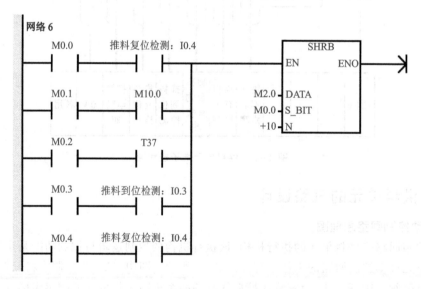

图 2 - 5　供料单元部分梯形图程序

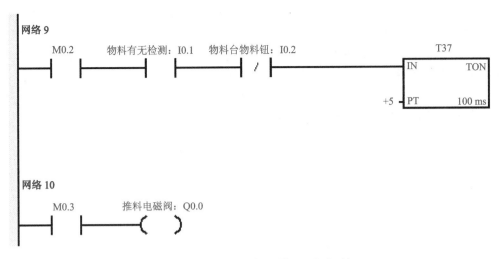

图 2 - 5　供料单元部分梯形图程序(续)

2.3.2　调试与运行

供料单元的调试与运用如下:

① 调整气动部分,检查气路是否正确,气压是否合理、恰当,气缸的动作速度是否合适。

② 检查磁性开关的安装位置是否到位,磁性开关工作是否正常。

③ 检查 I/O 接线是否正确。

④ 检查光电接近开关安装是否合理,灵敏度是否合适,以保证检测的可靠性。

⑤ 放入工件,运行程序,观察供料单元动作是否满足任务要求。

⑥ 调试各种可能出现的情况,比如在任何情况下都有可能加入工件,系统都要能可靠工作。

⑦ 优化程序。

2.3.3　问题与思考

实践中的问题与思考如下:

① 总结与学会检查气动连线、传感器接线、I/O 检测及故障排除方法。

② 如果在加工过程中出现意外情况,应如何处理?

③ 如果采用网络控制,应如何实现?

④ 思考供料单元各种可能会出现的问题。

项目测评

选择题

(1) 供料单元使用了几个传感器?(　　)

A. 3　　　　　　　　　B. 4　　　　　　　　　C. 5　　　　　　　　　D. 6

(2) 供料单元用于判断气缸运动状态的是哪种类型的传感器?(　　)

A. 磁性开关　　　　　B. 光电开关　　　　　C. 电感式接近开关　D. 电容式接近开关

(3) 供料单元的推料气缸是(　　)气缸。

A. 双作用　　　　　　B. 单作用　　　　　　C. 无杆　　　　　　　D. 回转

(4) 在光电传感器中,接电源负极的是(　　)颜色的线。

A. 黑色　　　　　　　B. 蓝色　　　　　　　C. 棕色　　　　　　　D. 黄色

(5) 供料单元用于判断工件有无的是哪种类型的传感器?(　　)

A. 磁性开关　　　　　B. 光电开关　　　　　C. 电感式接近开关　D. 电容式接近开关

项目三　加工单元的编程与调试

【知识目标】

➢ 掌握加工单元的结构和组成

➢ 掌握加工单元的工作过程

➢ 掌握加工单元电气控制线路的接线方法和步骤

➢ 掌握加工单元气动系统的连接、调试方法和步骤

➢ 掌握加工单元PLC编程和调试方法

【能力目标】

➢ 能够准确叙述加工单元的功能及组成

➢ 能够绘制出加工单元的电气原理图

➢ 能够绘制出加工单元的气动原理图

➢ 能够完成加工单元电路和气动系统的安装及调试

➢ 能够完成加工单元的PLC控制系统设计、安装及调试

【素质目标】

➢ 养成良好的职业素养、严谨的工作作风和团结协作的双创精神

【项目描述】

　　加工单元的功能是把待加工工件从物料台移送到加工区域冲压气缸的正下方,完成对工件的冲压加工,然后把加工好的工件重新送回物料台,即完成一次加工工作过程。

3.1　加工单元的结构与工作过程

3.1.1　加工单元的结构

　　加工单元的主要结构包括物料台、物料夹紧装置、龙门式二维运动装置、主轴电机、刀具以及相应的传感器、磁性开关、电磁阀、步进电机及驱动器、滚珠丝杆、支架、机械零部件,主要完成工件模拟钻孔、切屑加工。加工单元的结构组成如图3-1所示。

THJDAL-2生产线

加工单元介绍

　　① PLC主机:用于将控制端子与端子排相连。

　　② 步进电机及驱动器:用于驱动龙门式二维装置运动。

　　③ 光电传感器:用于检测物料台是否有物。当物料台有物时给PLC提供输入信号。物料的检测距离可由光电传感器头的旋钮调节,调节检测范围1~9 cm。

　　④ 磁性传感器1:用于气动手指的位置检测,当检测到气动手指夹紧后给PLC发出一个到位信号。

　　⑤ 磁性传感器2:用于升降气缸位置检测,当检测到升降气缸准确到位后给PLC发出一个到位信号。

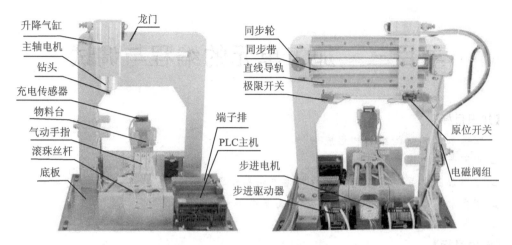

图 3-1　加工单元的结构组成

⑥ 行程开关：X 轴 Y 轴装有六个行程开关，其中两个给 PLC 提供两轴的原点信号，另外四个用于硬件保护，当任何一轴运行到头，碰到行程开关时断开步进电机控信号公共端。

⑦ 电磁阀：气动手指、升降气缸均用二位五通的带手控开关的单控电磁阀控制，两个单控电磁阀集中安装在带有消声器的汇流上。当 PLC 给电磁阀一个信号，电磁阀动作，对应气缸动作。

⑧ 气动手指：由单控电磁阀控制。当气动电磁阀得电，气动手指夹紧工件。

⑨ 升降气缸：由单控电磁阀控制。当气动电磁阀得电，气缸伸出，带动主轴电机上下运动。

⑩ 主轴电机：用于驱动模拟钻头。

⑪ 滚珠丝杆：用于带动气动手指沿 Y 轴移动，并实现精确定位。

⑫ 同步轮同步带：用于带动主轴沿 X 轴移动，并实现精确定位。

⑬ 端子排：用于连接 PLC 输入输出端口与各传感器和电磁阀。其中下排 1～4 和上排 1～4 号端子短接经过带保险的端子与＋24 V 相连。上排 5～19 号端子短接与 0 V 相连。

3.1.2　加工单元的工作过程

加工台在系统正常工作后的初始状态为升降气缸处于缩回状态，气动手指处于张开的状态，X 轴电机在右侧原点位置，Y 轴电机在前方原点位置。当输送单元把物料送到加工台上，物料检测传感器检测到工件后，PLC 控制程序驱动气动手指将工件夹紧→X 轴和 Y 轴二维运动装置运动至加主轴钻头正下方→升降气缸向下伸出→主轴电机运行 3 s 后停止→主轴升降气缸向上缩回→X 轴和 Y 轴二维运动装置运动至 X 轴和 Y 轴原点位置→气动手指松开工件。按照此顺序完成工件加工工序，并向系统发出加工完成信号，为下一次工件加工做准备。

THJDAL-2 生产线
加工单元单站运行

3.2　加工单元的电路和气动设计

3.2.1　加工单元的电路设计

1. PLC 的 I/O 地址分配

根据加工单元 PLC 的 I/O 信号分配（见表 3-1）和工作任务的要求，加工单元 PLC 选用

CPU 224 DC/DC/DC 主机单元,共 14 点输入和 10 点继电器输出。

表 3-1 加工单元 PLC 的 I/O 信号

输入信号				输出信号			
序 号	PLC 输入点	信号名称	信号来源	序 号	PLC 输入点	信号名称	信号来源
1	I0.0	物料台物料检测		1	Q0.0	X 轴脉冲 PUL	
2	I0.1	X 轴原点检测		2	Q0.1	Y 轴脉冲 PUL	
3	I0.2	Y 轴原点检测		3	Q0.2	X 轴方向 DIR	
4	I0.3	气夹夹紧检测		4	Q0.3	Y 轴方向 DIR	
5	I0.4	主轴上限检测		5	Q0.4	夹紧电磁阀	
6	I0.5	主轴下限检测		6	Q0.5	主轴升降电磁阀	
				7	Q0.6	主轴电机	

2. PLC 的电气原理图

加工单元 PLC 电气原理图如图 3-2 所示。

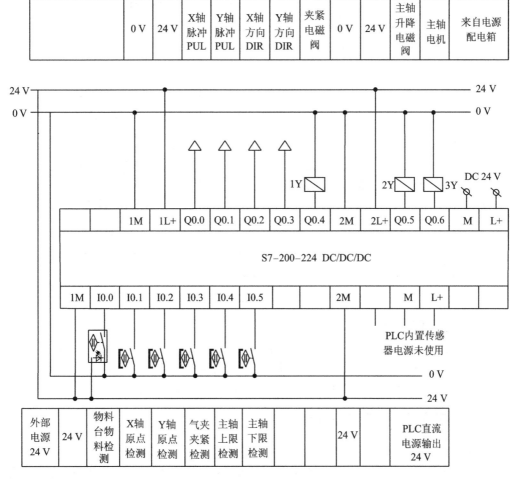

图 3-2 加工单元的电气原理图

3. 步进电机及驱动器

M415B 两相步进电机驱动器的主要参数为:供电电压,直流 12～40 V;输出相电流 0.21～1.5 A;控制信号输入电流 6～20 mA。参数设定:在驱动器的侧面连接端子中间有六位 SW 功能设置开关,用于设定电流和细分。该站 X 轴、Y 轴驱动器电流都设定为 0.84 A,细分设定为 16。细分设置如表 3-2 所列,电流设置如表 3-3 所列。

表 3-2 加工单元步进电机细分设置

序 号	SW1	SW2	SW3	细 分
1	ON	ON	ON	1
2	OFF	ON	ON	2
3	ON	OFF	ON	4
4	OFF	OFF	ON	8
5	ON	ON	OFF	16
6	OFF	ON	OFF	32
7	ON	OFF	OFF	64

表 3-3 加工单元步进电机电流设置

序 号	SW1	SW2	SW3	电流/A
1	OFF	ON	ON	0.21
2	ON	OFF	ON	0.42
3	OFF	OFF	ON	0.63
4	ON	ON	OFF	0.84
5	OFF	ON	OFF	1.05
6	ON	OFF	OFF	1.26
7	OFF	OFF	OFF	1.50

加工单元的步进电机接线如图 3-3 所示。

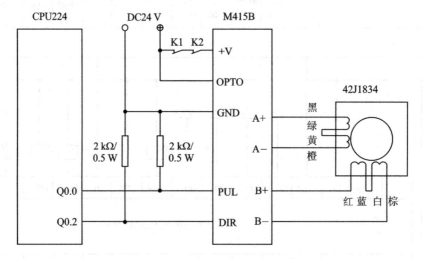

图 3-3 加工单元的步进电机接线原理图

4. PLC 的端子接线图

加工单元的传感器接线时需要注意:光电传感器引出线:棕色线接"+24 V"电源,蓝色线接"0 V",黑色线接 PLC 输入;磁性传感器引出线:蓝色线接"0 V",棕色线接 PLC 输入;电磁阀引出线:红色线接"PLC 输出",黑色线接 0 V。加工单元 PLC 端子接线图如图 3-4 所示。

3.2.2 加工单元的气路设计

加工单元的气动控制元件均采用单电控二位五通电磁换向阀,各电磁阀均带有手动换向和加锁钮。它们集中安装成阀组固定在冲压支撑架后面。加工单元气动控制回路的工作原理如图 3-5 所示。2B1 和 2B2 为安装在加工台伸缩气缸的两个极限工作位置的磁感应接近开关,1B 为安装在手爪气缸工作位置的磁感应接近开关。1Y1 和 2Y1 分别为夹紧气缸和升降气缸的电磁阀的电磁控制端。

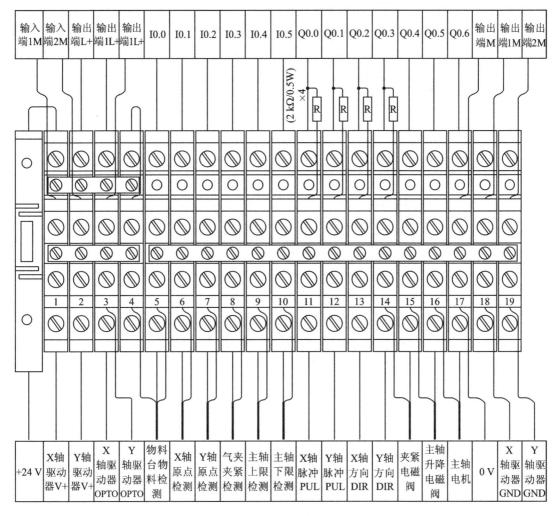

图 3-4 加工单元端子接线图

1. 气路部分的连接

连接步骤:从汇流排开始,按图 3-5 所示的加工单元气动控制回路工作原理图连接电磁阀、气缸。连接时注意气管走向应按序排布,均匀美观,不能交叉、打折,气管要在快速接头中插紧,不能有漏气现象。

2. 气路部分的调试

(1)用电磁阀上的手动换向加锁钮验证升降气缸和手爪气缸的初始位置和动作位置是否正确。

(2)调整气缸节流阀以控制活塞杆的往复运动速度,伸出速度以不推倒工件为准。

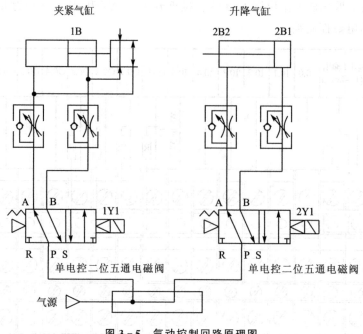

图 3 - 5　气动控制回路原理图

3.3　加工单元的编程与调试

3.3.1　程序设计

1. 编程思路

本项目只考虑供料单元作为独立设备运行时的情况,供料单元工作的主令信号来自 PLC 的内部继电器或者外部上位机触摸屏控制。

具体的控制要求如下:

① 加工单元物料台的物料检测传感器检测到工件后,气动手指气缸夹紧工件;

② X 轴步进电机向右,Y 轴步进电机向后,同时向工件加工工位运行,到达加工中心位置后停止;

③ 主轴升降气缸下降,并启动主轴电机旋转,模拟打磨加工,延时 3 s 后,加工完成后,主轴电机停止旋转;主轴升降气缸上升;

④ X 轴步进电机向左,Y 轴步进电机向前,同时向加工单元初始位置运行,到达初始位置后停止,气动手指气缸松开工件。

2. 加工单元单站运行控制程序

加工单元单站运行部分梯形图程序如图 3 - 6 所示。

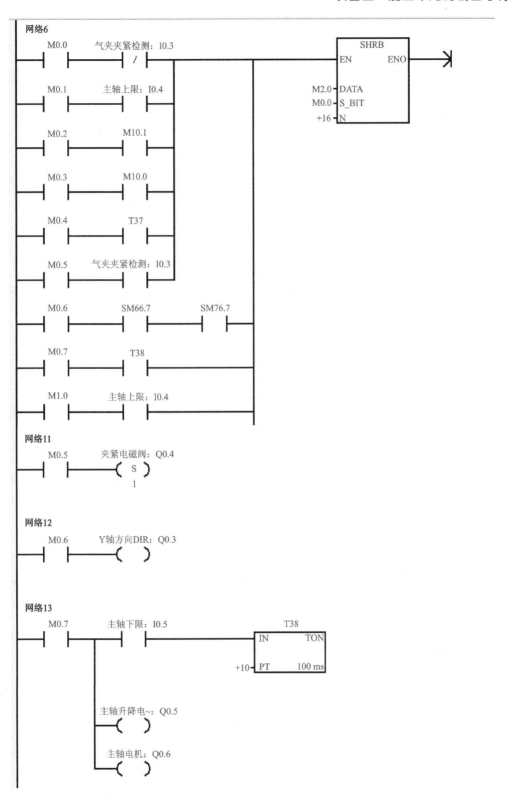

图3-6 加工单元单站运行部分梯形图程序

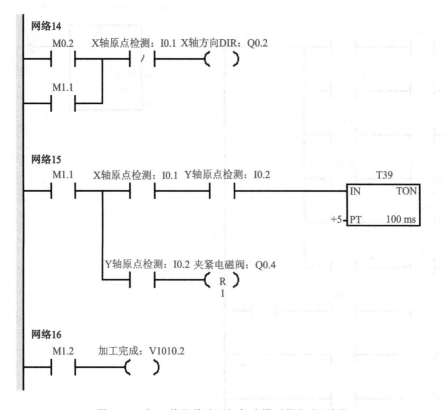

图3-6　加工单元单站运行部分梯形图程序(续图)

2. 调试与运行

① 调整气动部分,检查气路是否正确,气压是否合理、恰当,气缸的动作速度是否合适。

② 检查磁性开关的安装位置是否到位,磁性开关工作是否正常。

③ 检查 I/O 接线是否正确。

④ 检查光电接近开关安装是否合理,灵敏度是否合适,以保证检测的可靠性。

⑤ 放入工件,运行程序,观察加工单元动作是否满足任务要求。

⑥ 调试各种可能出现的情况,比如在任何情况下都有可能加入工件,系统都要能可靠工作。

⑦ 优化程序。

3.3.2　问题与思考

① 总结与学会检查气动连线、传感器接线、I/O 检测及故障排除方法。

② 如果在加工过程中出现意外情况,应如何处理?

③ 如果采用网络控制,应如何实现?

④ 思考加工单元各种可能会出现的问题。

项目测评

选择题

(1) 加工单元中龙门式二维运动装置原点的位置是通过(　　)类型传感器检测的。

A. 电容式接近开关　　B. 电感式接近开关　　C. 行程开关　　　　D. 磁性开关

(2) 加工单元的主要结构包括物料台、物料夹紧装置、龙门式二维运动装置、(　　)、刀具以及相应的传感器、磁性开关、电磁阀、步进电机及驱动器、滚珠丝杆、支架、机械零部件等。

A. 加工台　　　　　　B. 料仓　　　　　　　C. 主轴电机　　　　D. 冲压气缸

(3) 加工单元使用了几个传感器?(　　)

A. 3　　　　　　　　B. 4　　　　　　　　C. 5　　　　　　　D. 6

(4) 加工单元的主轴升降气缸是什么类型的气缸?(　　)

A. 笔型气缸　　　　　B. 薄型气缸　　　　　C. 导杆气缸　　　　D. 旋转气缸

(5) 加工单元对工件进行定位时使用的是什么类型的电动机是?(　　)

A. 直流电动机　　　　B. 交流电动机　　　　C. 步进电动机　　　D. 伺服电动机

项目四　装配单元的编程与调试

【知识目标】
➤ 掌握装配单元的结构和组成
➤ 掌握装配单元的工作过程
➤ 掌握装配单元电气控制线路的接线方法和步骤
➤ 掌握装配单元气动系统的连接、调试方法和步骤
➤ 掌握装配单元 PLC 编程和调试方法

【能力目标】
➤ 能够准确叙述装配单元的功能及组成
➤ 能够绘制出装配单元的电气原理图
➤ 能够绘制出装配单元的气动原理图
➤ 能够完成装配单元电路和气动系统的安装及调试
➤ 能够完成装配单元的 PLC 控制系统设计、安装及调试

【素质目标】
➤ 养成良好的职业素养、严谨的工作作风和团结协作的双创精神

【项目描述】
　　装配单元的功能是完成将该单元工件库内的圆形外壳工件装配到凸形工件中的装配过程。装配单元除了可以独立工作外，还可以协同其他工作单元联动，配合自动化生产线整体联机运行。本项目主要学习三工位旋转工作台的运动控制、工件的供料和装配控制等。

4.1　装配单元的结构与工作过程

4.1.1　装配单元的结构

　　装配单元的结构包括：井式料仓、三工位旋转工作台、平面轴承、冲压装配单元、光电传感器、电感传感器、磁性开关、电磁阀、交流伺服电机及驱动器、警示灯、支架、机械零部件。装配单元机械装配如图 4－1 所示。

THJDAL－2 生产线
装配单元介绍

　　① PLC 主机：用于将控制端子与端子排相连。
　　② 伺服电机及驱动器：用于控制三工位旋转工作台。根据 PLC 发出的脉冲数量实现三工位旋转工作台精确定位。
　　③ 光电传感器：用于检测工件库、物料台是否有物料。当工件库或物料台有物料时给 PLC 提供输入信号。物料的检测距离可由光电传感器头的旋钮调节，调节检测范围 1～9 cm。
　　④ 电感传感器：用于检测工作台是否回到原点，检测距离在 4(1±20%)mm。
　　⑤ 磁性传感器 1：用于顶料气缸的位置检测，当检测到气缸准确到位后给 PLC 发出一个

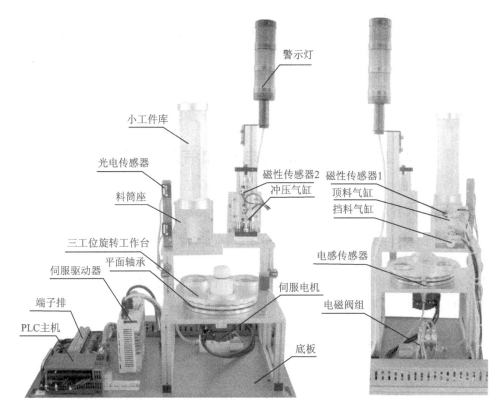

图 4 - 1 装配单元机械装配图

到位信号。

⑥ 磁性传感器 2：用于冲压气缸位置检测，当检测到冲压气缸准确到位后给 PLC 发出一个到位信号。

⑦ 警示灯：用于指示系统工作状态和工件库工件是否缺料。系统启动，绿灯亮；系统停止，红灯亮；系统缺料，黄灯亮。

⑧ 电磁阀：顶料气缸、挡料气缸、冲压气缸均用二位五通的带手控开关的单控电磁阀控制，三个单控电磁阀集中安装在带有消声器的汇流上。当 PLC 给电磁阀一个信号，电磁阀动作，对应气缸动作。

⑨ 顶料气缸：由单控电磁阀控制。当气动电磁阀得电，气缸伸出，顶住倒数第二个物料。

⑩ 挡料气缸：由单控电磁阀控制。当气动电磁阀得电，气缸缩回，倒数第一个物料落下。

⑪ 冲压气缸：由单控电磁阀控制。当气动电磁阀得电，气缸伸出，实现两工件紧合装配。

⑫ 端子排：用于连接 PLC 输入输出端口与各传感器和电磁阀。其中下排 1～4 号和上排 1～4 号端子短接经过带保险的端子与＋24 V 相连。上排 5～26 号端子短接与 0 V 相连。

4.1.2　装配单元的工作过程

装配单元各气缸的初始位置是挡料气缸处于伸出状态，顶料气缸处于缩回状态，冲压气缸在上升位置，三工位旋转工作台处于原点位置，料仓上已经有足够多的圆形外壳工件。

装配单元启动后，装配站旋转工作台的入料口传感器检测到凸形工件后，三工位旋转工作

THJDAL-2 生产线
装配单元单站运行

台顺时针旋转,将工件旋转到井式料仓下方,井式料仓机构顶料气缸伸出顶住倒数第二个工件;挡料气缸缩回,井式料仓中底层的工件落到待装配工件上,挡料气缸伸出到位,顶料气缸缩回物料落到工件库底层,同时三工位旋转工作台顺时针旋转,将工件旋转到冲压装配机构下方,冲压气缸下压,完成工件压紧装配后,冲压气缸上升回到原位,三工位旋转工作台顺时针旋转到初始原点位置,向系统发出装配完成信号,等待下一次装配动作。

4.2 装配单元的电路和气动设计

4.2.1 装配单元的电路设计

装配单元的电路设计由 PLC 的 I/O 地址分配、电气原理图和伺服电机等部分组成。

1. PLC 的 I/O 地址分配

根据装配单元的 I/O 信号分配(见表 4-1)和工作任务的要求,装配单元 PLC 选用 CPU 224DC/DC/DC 主机单元,共 14 点输入和 10 点继电器输出。

表 4-1　装配单元 PLC 的 I/O 信号表

输入信号				输出信号			
序　号	PLC 输入点	信号名称	信号来源	序　号	PLC 输入点	信号名称	信号来源
1	I0.0	旋转台原点		1	Q0.0	伺服脉冲信号	
2	I0.1	物料不够检测		2	Q0.1	伺服方向信号	
3	I0.2	物料有无检测		3	Q0.2	顶料电磁阀	
4	I0.3	入料区物料检测		4	Q0.3	落料电磁阀	
5	I0.4	装配区物料检测		5	Q0.4	冲压电磁阀	
6	I0.5	冲压区物料检测		6	Q0.5	警示红灯	
7	I0.6	顶料到位物料检测		7	Q0.6	警示绿灯	
8	I0.7	顶料复位检测		8	Q0.7	警示黄灯	
9	I1.0	挡料状态检测					
10	I1.1	落料装填检测					
11	I1.2	冲压上限检测					
12	I1.3	冲压下限检测					

2. PLC 的电气原理图

装配单元 PLC 电气原理图如图 4-2 所示。

3. 伺服电机及驱动器

欧姆龙通用 SMARTSTEP2 系列 AC 伺服具有位置控制和速度控制 2 种模式,而且能够切换位置控制和速度控制,因此适用于以加工机床和一般加工设备的高精度定位和平稳的速度控制为主的范围宽广的各种领域。

(1)控制模式

① 位置控制模式:用最高 500 kHz 的高速脉冲串执行电机的旋转速度和方向的控制,分

辨率为 100 000 脉冲/r 的高精度定位。

② 速度控制模式:用由参数构成的内部速度指令(最多 4 速)对伺服电机的旋转速度和方向进行高精度的平滑控制。另外,对于速度指令,它还具有进行加减速时的常数设置和停止时的伺服锁定功能。

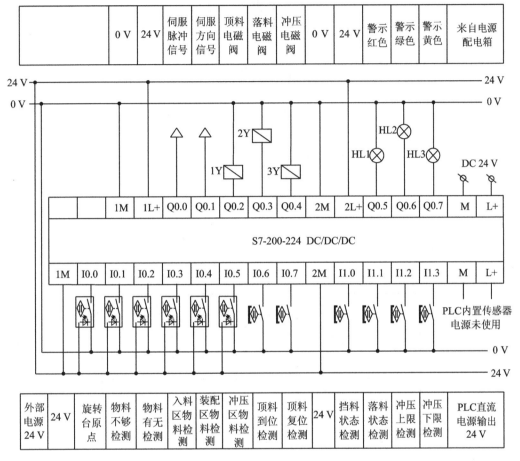

		0 V	24 V	伺服脉冲信号	伺服方向信号	顶料电磁阀	落料电磁阀	冲压电磁阀	0 V	24 V	警示红色	警示绿色	警示黄色	来自电源配电箱

外部电源24 V	24 V	旋转台原点	物料不够检测	物料有无检测	入料区物料检测	装配区物料检测	冲压区物料检测	顶料到位检测	顶料复位检测	24 V	挡料状态检测	落料状态检测	冲压上限检测	冲压下限检测	PLC直流电源输出24 V

图 4-2 装配单元的电气原理图

伺服驱动器各部分名称如图 4-3 所示。

电源 LED(PWR),电源 LED 显示状态说明如表 4-2 所列。

表 4-2 电源 LED 显示状态说明

LED 显示	状 态
绿色灯亮	主电源打开
橙色灯亮	警告时 1 s 闪烁(过载、过再生、分隔旋转速度异常)
红色灯亮	报警发生

报警显示 LED(ALM)发生报警时闪烁,通过橙色及红色显示灯的闪烁次数来表示警报代码。警报代码:过载(报警代码 16)发生、停止时,橙色 1 次,红色 6 次闪烁。

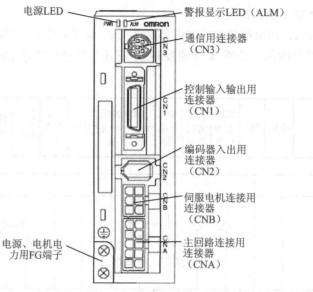

图 4 - 3　伺服驱动器

（2）伺服参数设置

伺服参数设置说明如表 4 - 3 所列。

表 4 - 3　伺服参数设置说明

序　号	参数代号	设置值	说　　明
1	Pn10	10	位置控制回路响应
2	Pn11	500	速度回路响应
3	Pn20	200	惯量比
4	Pn41	1	指令脉冲转动方向
5	Pn42	3	指令脉冲模式
6	Pn46	190	第一电子齿轮分子

（3）伺服电机接线图

伺服电机接线如图 4 - 4 所示。

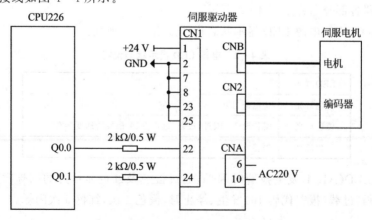

图 4 - 4　装配单元的伺服电机接线原理图

4. PLC 的端子接线图

装配单元的传感器接线时需要注意:光电传感器引出线:棕色线接"＋24 V"电源,蓝色线接"0 V"端,黑色线接 PLC 输入端;磁性传感器引出线:蓝色线接"0 V"端,棕色线接 PLC 输入端;电磁阀引出线:红色线接"PLC 输出"端,黑色线接 0 V 端。装配单元 PLC 端子接线图如图 4－5 所示。

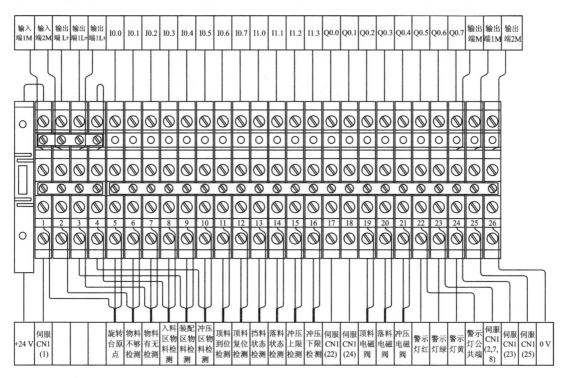

图 4－5 装配单元端子接线图

4.2.2 装配单元的气路设计

装配单元的气动控制元件均采用单电控二位五通电磁换向阀,各电磁阀均带有手动换向和加锁钮。它们集中安装成阀组固定在冲压支撑架后面。装配单元气动控制回路的工作原理如图 4－6 所示。1B1 和 1B2 为安装在井式料仓上端的顶料气缸的两个极限工作位置的磁感应接近开关,2B1 和 2B2 为安装在井式料仓下端的挡料气缸的两个极限工作位置的磁感应接近开关,3B1 和 3B2 为安装在工件冲压的冲压气缸的两个极限工作位置的磁感应接近开关,1Y1,2Y1 和 3Y1 分别为顶料气缸、挡料气缸和冲压气缸的电磁阀的电磁控制端。

1. 气路部分的连接

连接步骤:从汇流排开始,按图 4－6 所示的装配单元气动控制回路工作原理图连接电磁阀、气缸。连接时注意气管走向应按序排布,均匀美观,不能交叉、打折,气管要在快速接头中插紧,不能够有漏气现象。

2. 气路部分的调试

① 用电磁阀上的手动换向加锁钮验证顶料气缸、挡料气缸和冲压气缸的初始位置和动作位置是否正确。

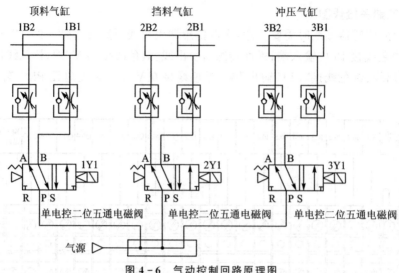

图 4-6　气动控制回路原理图

② 调整气缸节流阀以控制活塞杆的往复运动速度,伸出速度以不推倒工件为准。

4.3　装配单元的编程与调试

4.3.1　程序设计

装配单元的编程思路与控制程序如下:

1. 编程思路

本项目只考虑装配单元作为独立设备运行时的情况,装配单元工作的主令信号来自 PLC 的内部继电器或者外部上位机触摸屏控制。

具体的控制要求如下:

装配单元启动后,装配站旋转工作台的入料口传感器检测到凸形工件,三工位旋转工作台顺时针旋转,将工件旋转到井式料仓下方,井式料仓机构顶料气缸伸出顶住倒数第二个工件;挡料气缸缩回,井式料仓中底层的工件落到待装配工件上,挡料气缸伸出到位,顶料气缸缩回物料落到工件库底层,同时三工位旋转工作台顺时针旋转,将工件旋转到冲压装配机构下方,冲压气缸下压,完成工件压紧装配后,冲压气缸上升回到原位,三工位旋转工作台顺时针旋转到初始原点位置,向系统发出装配完成信号,等待下一次装配动作。

2. 装配单元单站运行控制程序

装配单元单站运行部分梯形图程序如图 4-7 所示。

4.3.2　调试与运行

装配单元的调试与运行过程如下:

① 调整气动部分,检查气路是否正确,气压是否合理、恰当,气缸的动作速度是否合适。

② 检查磁性开关的安装位置是否到位,磁性开关工作是否正常。

③ 检查 I/O 接线是否正确。

④ 检查光纤传感器安装是否合理,灵敏度是否合适,保证检测的可靠性。

⑤ 放入工件,运行程序,观察装配单元动作是否满足任务要求。

⑥ 调试各种可能出现的情况,比如在任何情况下都有可能加入工件,系统都能可靠工作。

⑦ 优化程序。

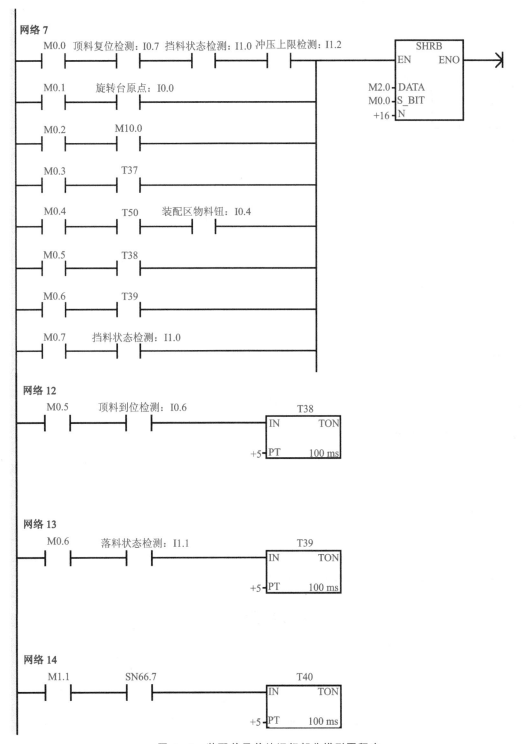

图4-7 装配单元单站运行部分梯形图程序

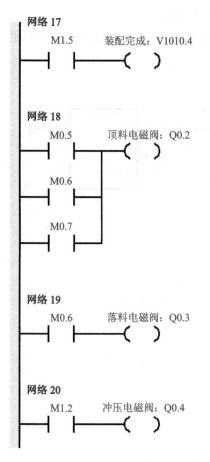

图 4-7 装配单元单站运行部分梯形图程序(续)

4.3.3 问题与思考

① 总结与学会检查气动连线、传感器接线、I/O 检测及故障排除方法。

② 如果在装配过程中出现意外情况应如何处理?

③ 在装配过程中,小零件落不到三工位旋转工作台的料盘怎么处理?

④ 思考装配单元各种可能会出现的问题。

⑤ 检查光电接近开关安装是否合理,灵敏度是否合适,保证检测的可靠性。

⑥ 放入工件,运行程序,观察装配单元动作是否满足任务要求。

项目测评

选择题

(1) 装配单元使用了( )个传感器?

A. 10   B. 11   C. 12   D. 13

(2) 装配单元的三工位转盘原点检测使用的是什么类型的传感器?( )

A. 对射式光电传感器   B. 漫射式光电传感器

C. 光纤传感器 D. 电感传感器

(3) 驱动装配单元的三工位转盘旋转的是什么类型的电动机？（ ）

A. 直流电动机 B. 交流电动机 C. 步进电动机 D. 伺服电动机

(4) 装配单元的冲压气缸是什么类型的气缸？（ ）

A. 笔型气缸 B. 薄型气缸 C. 导杆气缸 D. 旋转气缸

(5) 装配单元的警示灯有（ ）种颜色？

A. 1 B. 2 C. 3 D. 4

项目五 分拣单元的编程与调试

【知识目标】

➢ 掌握分拣单元的结构和组成

➢ 掌握分拣单元的工作过程

➢ 掌握分拣单元电气控制线路的接线方法和步骤

➢ 掌握分拣单元气动系统的连接、调试方法和步骤

➢ 掌握分拣单元 PLC 编程和调试方法

【能力目标】

➢ 能够准确叙述分拣单元的功能及组成

➢ 能够绘制出分拣单元的电气原理图

➢ 能够绘制出分拣单元的气动原理图

➢ 能够完成分拣单元电路和气动系统的安装及调试

➢ 能够完成分拣单元的 PLC 控制系统设计、安装及调试

【素质目标】

➢ 养成良好的职业素养、严谨的工作作风和团结协作的双创精神

【项目描述】

分拣单元是 THJDAL－2 中的最后一个单元,完成对上一单元送来的已加工、已分拣的成品工件进行分拣,使不同颜色的工件从不同的料槽分流,当输送单元送来的工件被放到传送带上并被放入入料口的光电传感器检测到时,延时 1 s 启动变频器带动传送带运行,工件开始送入分拣区进行分拣。本项目主要学习西门子 MM420 变频器的操作与使用。

5.1 分拣单元的结构与工作过程

5.1.1 分拣单元的结构

分拣单元的主要结构由传送带、变频器、三相交流减速电机、旋转气缸、磁性开关、电磁阀、调压过滤器、光电传感器、光纤传感器、对射传感器、支架和机械零部件构成,主要完成来料检测、分类、入库。其中分拣单元的结构组成如图 5－1 所示。

THJDAL－2 生产线
分拣单元介绍

① PLC 主机:控制端子与端子排相连。

② 变频器:用于控制三相交流减速电机,带动传送带转动。

③ 光电传感器:用于检测入料口是否有物料。当入料口有物料时给 PLC 提供输入信号。

④ 电感传感器:用于检测工作台是否回到原点,检测距离 4(1±20%) mm。

⑤ 光纤传感器:根据不同材料颜色的反射光强度不同来区分不同的工件。

当工件为白色时第一个光纤传感器检测到信号,当工件为黑色时第二个光纤传感器检测

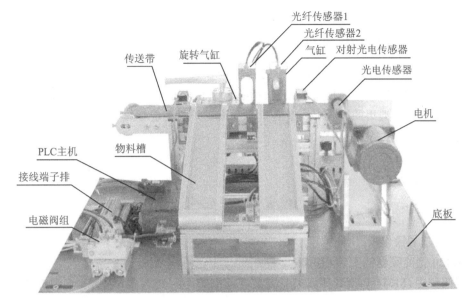

图 5-1 分拣单元的结构组成

到信号。光纤传感器的检测距离可通过光纤放大器的旋钮调节。

⑥ 对射光电传感器:用于检测工件是否到物料槽。当检测到有物料到达物料槽时给 PLC 提供信号。

⑦ 磁性传感器 1:用于推料气缸的位置检测,当检测到气缸准确到位后给 PLC 发出一个到位信号。

⑧ 磁性传感器 2:用于旋转气缸位置检测,当检测到旋转气缸准确到位后给 PLC 发出一个到位信号。

⑨ 电磁阀:推料气缸、旋转气缸均用二位五通的带手控开关的单控电磁阀控制,两个单控电磁阀集中安装在带有消声器的汇流上。当 PLC 给电磁阀一个信号,电磁阀动作,对应气缸动作。

⑩ 推料气缸:由单控电磁阀控制。当气动电磁阀得电,气缸伸出,将白色工件推入第一个料槽。

⑪ 旋转气缸:由单控电磁阀控制。当气动电磁阀得电,旋转气缸旋转 68°,将黑色物料导入第二个物料槽。

⑫ 端子排:用于连接 PLC 输入输出端口与各传感器和电磁阀。其中下排 1~3 和上排 1~3 号端子短接经过带保险的端子与 +24 V 相连。上排 4~16 号端子短接与 0 V 相连。

5.1.2 分拣单元的工作过程

分拣单元的工作目标是对白色和黑色工件进行分拣。分拣单元上电和气源接通后,分拣单元的 2 个气缸均处于缩回位置。当传送带的入料口人工放下已装配的工件时,变频器立即启动,驱动电动机以频率固定为 20 Hz 的速度,把工件带往分拣区。如果进入分拣区工件为白色工件,则传送带将工件输送至 1 号料槽处停止,推料气缸伸出推料,将白色工件推到 1 号槽里;如果是黑色工件,则旋转气缸旋转挡料,传送带继续运行将工件挡到 2 号槽里。工件被进入滑槽后,分拣单元的一个工作周期结束。仅当工件被推入滑槽后,才能再次向传送带下料。如果在运行期间按下停止

THJDAL-2 生产线 分拣单元单站运行

按钮,分拣单元在本工作周期结束后停止运行。

5.1.3　西门子 MM420 型变频器

在 THJDAL-2 的分拣单元中,电动机转速的快慢由 MM420 西门子变频器来控制。MM420(MICROMASTER420)是用于控制三相交流电动机速度的变频器系列,该系列有多种型号。THJDAL-2 选用的 MM420 型变频器。该变频器额定参数为:

电源电压:380~480 V,三相交流;

额定输出功率:0.75 kW;

额定输入电流:2.4 A;

额定输出电流:2.1 A;

外形尺寸:A 型;

操作面板:基本操作板(BOP)。

1. MM420 型变频器的安装和拆卸

在工程使用中,MM420 型变频器通常安装在配电箱内的 DIN 导轨上,安装和拆卸的步骤如图 5-2 所示。

(1) 安装的步骤

① 用导轨的上闩销把变频器固定到导轨的安装位置上;

② 向导轨上按压变频器,直到导轨的下闩销嵌入到位。

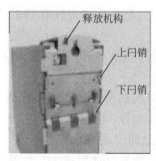

(a) 变频器背面的固定机构　　　(b) 在DIN导轨上安装变频器　　　(c) 从导轨上拆卸变频器

图 5-2　MM420 型变频器安装和拆卸的步骤

(2) 从导轨上拆卸变频器的步骤

① 为了松开变频器的释放机构,将螺钉旋具插入释放机构中;

② 向下施加压力,导轨的下闩销就会松开;

③ 将变频器从导轨上取下。

2. MM420 型变频器的接线

打开变频器的盖子后,就可以连接电源和电动机的接线端子。接线端子在变频器机壳下盖板内,拆卸盖板后可以看到如图 5-3 所示变频器的接线端子。

3. 变频器主电路的接线

THJDAL-2 分拣单元变频器主电路电源由电源箱提供一路三相电源,连接到图 5-4 的电源接线端子,电动机接线端子引出线则连接到电动机。注意接地线 PE 必须连接到变频器接地端子,并连接到交流电动机的外壳。

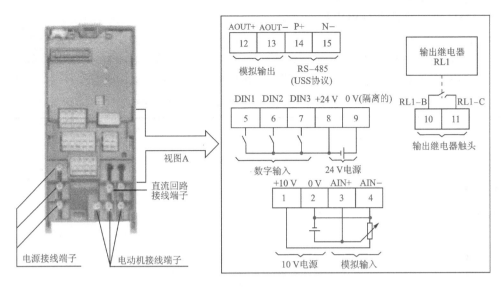

图 5 - 3　MM420 型变频器的接线端子

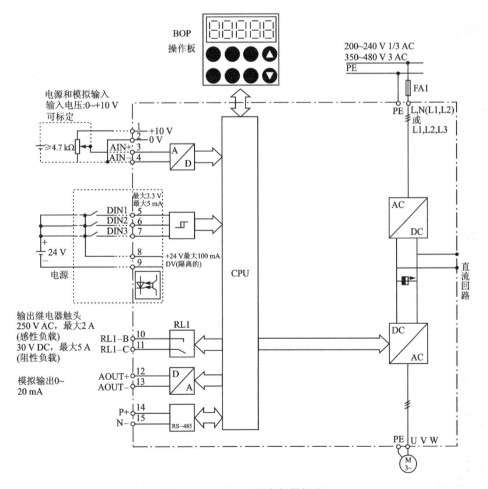

图 5 - 4　MM420 型变频器框图

4. MM420 型变频器的 BOP 操作面板

利用 BOP 可以改变变频器的各个参数。BOP 具有 7 段显示的 5 位数字,可以显示参数的序号和数值、报警和故障信息,以及设定值和实际值。参数的信息不能用 BOP 存储。基本操作面板(BOP)备有 8 个按钮,表 5 - 1 列出了操作面板上的按钮及其功能。

表 5 - 1　基本操作面板(BOP)上的按钮及其功能

显示/按钮	功　能	功能的说明
r 0000	状态显示	LCD 显示变频器当前的设定值
I	启动变频器	按此键启动变频器。默认值运行时此键是被封锁的。为了使此键的操作有效,应设定 P0700=1
0	停止变频器	OFF1:按此键,变频器将按选定的斜坡下降速率减速停车,默认值运行时此键被封锁;为了允许此键操作,应设定 P0700=1 OFF2:按此键两次(或一次,但时间较长)电动机将在惯性作用下自由停车。此功能总是"使能"的
↻	改变电机的转动方向	按此键可以改变电动机的转动方向,电动机反向时,用负号表示或用闪烁的小数点表示。默认值运行时此键是被封锁的,为了使此键的操作有效应设定 P0700=1
jog	电动机点动	在变频器无输出的情况下按此键,将使电动机启动,并按预先设定的点动频率运行。释放此键时,变频器停车。如果变频器/电动机正在运行,按此键将不起作用
Fn	功　能	此键用于浏览辅助信息 变频器运行过程中,在显示任何一个参数时按下此键并保持不动 2 s,将显示以下参数值(在变频器运行中从任何一个参数开始): 1. 直流回路电压(用 d 表示,单位:V) 2. 输出电流 A 3. 输出频率(Hz) 4. 输出电压(用 o 表示,单位:V) 5. 由 P0005 选定的数值(如果 P0005 选择显示上述参数中的任何一个(3,4 或 5),这里将不再显示) 连续多次按下此键将轮流显示以上参数 跳转功能 在显示任何一个参数(rXXXX 或 PXXXX)时短时间按下此键,将立即跳转到 r0000,如果需要的话,可以接着修改其他的参数。跳转到 r0000 后,按此键将返回原来的显示点
P	访问参数	按此键即可访问参数
▲	增加数值	按此键即可增加面板上显示的参数数值
▼	减少数值	按此键即可减少面板上显示的参数数值

5．MM420 型变频器的参数

（1）参数号和参数名称

参数号是指该参数的编号。参数号用 0000～9999 的 4 位数字表示。在参数号的前面冠以一个小写字母"r"时，表示该参数是"只读"。其他所有参数号的前面都冠以一个大写字母"P"。这些参数的设定值可以直接在标题栏的"最小值"和"最大值"范围内进行修改。

［下标］表示该参数是一个带下标的参数并且指定了下标的有效序号。通过下标，可以对同一参数的用途进行扩展，或对不同的控制对象，自动改变所显示的或所设定的参数。

（2）参数设置方法

用 BOP 可以修改和设定系统参数，使变频器具有期望的特性，例如斜坡时间、最小和最大频率等。选择的参数号和设定的参数值在 5 位数字的 LCD 上显示。

更改参数数值的步骤可归纳为：

① 查找所选定的参数号；

② 进入参数值访问级，修改参数值；

③ 确认并存储修改好的参数值。

以参数 P0004 为例来说明如何设置参数值。参数 P0004（参数过滤器）的作用是根据所选定的一组功能对参数进行过滤（或筛选），并集中对过滤出的一组参数进行访问，从而可以更方便地进行调试。参数 P0004 设定值见表 5－2，默认的设定值为 0。

表 5－2　参数 P0004 的设定值

设定值	所指定参数组意义	设定值	所指定参数组意义
0	全部参数	12	驱动装置的特征
2	变频器参数	13	电动机的控制
3	电动机参数	20	通　信
7	命令，二进制 I/O	21	报警/警告/监控
8	模/数转换和数/模转换	22	工艺参量控制器（例如 PID）
10	设定值通道/RFG（斜坡函数发生器）		

假设参数 P0004 设定值为 0，需要把设定值改为 3。改变设定值步骤如表 5－3 所列。

表 5－3　改变参数 P0004 设定数值的步骤

序　号	操作内容	显示的结果
1	按 ⊙ 访问参数	┌0000
2	按 ⊙ 直到显示出 P0004	P0004
3	按 ⊙ 进入参数数值访问级	0
4	按 ⊙ 或 ⊙ 达到所需要的数值	3

续表 5 - 3

序 号	操作内容	显示的结果
5	按 ⊙ 确认并存储参数的数值	P0004
6	使用者只能看到命令参数	

6. MM420 型变频器的参数访问

MM420 型变频器有数千个参数,为了能快速访问指定的参数,MM420 采用把参数分类,屏蔽(过滤)掉不需要访问的类别,以此方法实现快速访问。实现过滤功能的有如下几个参数:

① 参数 P0004 是实现参数过滤功能的重要参数。当完成了 P0004 的设定以后再进行参数查找时,在 LCD 上只能看到 P0004 设定值所指定类别的参数。

② 参数 P0010 是调试参数过滤器,对调试相关的参数进行过滤,筛选出那些仅与特定功能组有关的参数。

P0010 的可能设定值为:0(准备)、1(快速调试)、2(变频器)、29(下载)、30(I 厂的默认设定值);默认设定值为 0。

③ 参数 P003 用于定义用户访问参数组的等级,设置范围为 1~4,其中:

"1"标准级:可以访问最经常使用的参数。

"2"扩展级:允许扩展访问参数的范围,例如变频器的 I/O 功能。

"3"专家级:只供专家使用。

"4"维修级:只供授权的维修人员使用—具有密码保护。

该参数默认设置为等级 1(标准级),对于大多数简单的应用对象,采用标准级就可以满足要求了。用户可以修改设置值,但建议不要设置为等级 4(维修级)。

7. MM420 型变频器常用参数设置举例

(1) 命令信号源的选择(P0700)

P0700 参数用于指定命令源,可能的设定值见表 5 - 4,默认值为 2。

表 5 - 4 P0700 的设定值

设定值	所指定参数值意义	设定值	所指定参数值意义
0	工厂的默认设置	4	通过 BOP 链路的 USS 设置
1	BOP(键盘)设置	5	通过 COM 链路的 USS 设置
2	由端子排输入	6	通过 COM 链路的通信板(CB)设置

注意:当改变 P0700 参数时,同时也使所选项目的全部设置值复位为工厂的默认设置值。例如:把原有的设定值由 1 改为 2 时,所有的数字输入都将复位为默认设置值。

(2) 频率设定值的选择(P1000)

P1000 参数用于选择频率设定值的信号源,其设定值可达 0~66,默认设置值为 2。实际上,当设定值大于等于 10 时,频率设定值将来源于两个信号源的叠加。其中,主设定值由最低一位数字(个位数)来选择(0~6),而附加设定值由最高一位数字(十位数)来选择(x0~x6,其中,x=1~6)。下面只说明常用主设定值信号源的意义:

① 无主设定值。

② MOP(电动电位差计)设定值。取此值时,选择基本操作板(BOP)的按键指定输出频率。

③ 模拟设定值:输出频率由 3～4 端子两端的模拟电压(0～10 V)设定。

④ 固定频率:输出频率由数字输入端子 DIN1～DIN3 的状态指定,用于多段速控制。

⑤ 通过 COM 链路的 USS 设定,即通过按 USS 协议的串行通信线路设定输出频率。

THJDAL-2 设备参数设置如表 5-5 所列。

表 5-5 THJDAL-2 设备参数的设置

序 号	参数代号	设置值	说 明
1	P0010	30	调出厂设置参数
2	P0970	1	恢复出厂值
3	P0003	3	参数访问级
4	P0004	0	参数过滤器
5	P0010	1	快速调试
6	P0100	0	工频选择
7	P0304	380	电动机的额定电压
8	P0305	0.17	电动机的额定电流
9	P0307	0.03	电动机的额定功率
10	P0310	50	电动机的额定频率
11	P0311	1 500	电动机的额定速度
12	P0700	2	选择命令源(外部端子控制)
13	P1000	1	选择频率设定值
14	P1120	1.00	斜坡上升时间
15	P1121	1.00	斜坡下降时间
16	P3900	1	结束快速调试
17	P0003	3	检查 P0003 是否为 3
18	P1040	20	频率设定

5.2 分拣单元的电路和气路设计

5.2.1 分拣单元的电路设计

1. PLC 的 I/O 地址分配

根据分拣单元的 I/O 信号分配(见表 5-6)和工作任务的要求,分拣单元 PLC 选用 CPU 222 AC/DC/RLY 主机单元,共 8 点输入和 6 点继电器输出。

表 5 - 6 分拣单元 PLC 的 I/O 信号

输入信号				输出信号			
序　号	PLC 输入点	信号名称	信号来源	序　号	PLC 输入点	信号名称	信号来源
1	I0.0	入料口检测		1	Q0.0	推料电磁阀	
2	I0.1	白色物料检测		2	Q0.1	旋转电磁阀	
3	I0.2	黑色物料检测		3	Q0.4	变频器启动	
4	I0.3	入库检测					
5	I0.4	推料伸出到位					
6	I0.5	旋转到位检测					
7	I0.6	旋转复位检测					

2. PLC 的电气原理图

分拣单元 PLC 电气原理如图 5 - 5 所示。

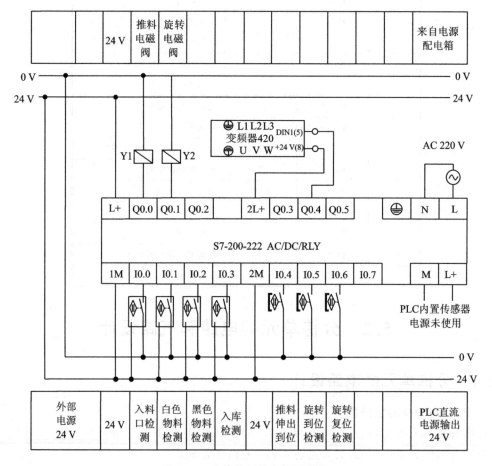

图 5 - 5 分拣单元的电气原理图

3. PLC 的端子接线图

分拣单元的传感器接线时需要注意:光电传感器引出线:棕色线接"＋24 V"电源,蓝色线接"0 V",黑色线接 PLC 输入;磁性传感器引出线:蓝色线接"0 V",棕色线接 PLC 输入;电磁阀引出线:红色线接"PLC 输出",黑色线接 0V。分拣单元 PLC 端子接线图如图 5-6 所示。

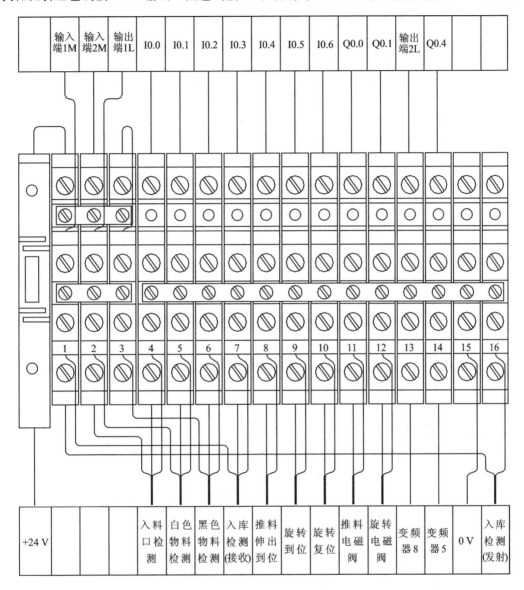

图 5-6 分拣单元端子接线图

5.2.2 分拣单元的气路设计

1. 气动系统的组成

分拣单元的气动系统主要包括气源、气动汇流板、直线气缸、单电控换向阀、单向节流阀、消声器、快插接头、气管等,其主要作用是将不同颜色的工件推入不同的滑槽。

分拣单元的电磁阀组使用了 2 个单电控二位五通的带手控开关的电磁换向阀。它们安装在汇流板上,分别对推料气缸和旋转气缸的气路进行控制,以改变各自的动作状态。分拣单元气动控制回路的工作原理如图 5-7 所示。图中,1B1 和 1B2 安装在推料气缸的前后两个工作位置的磁感应接近开关,2B1 和 2B2 安装在旋转气缸的两个工作位置的磁感应接近开关,1Y1 和 2Y1 分别为控制 2 个分拣气缸电磁阀的电磁控制端。

2. 气路控制原理图

分拣单元的气路控制原理如图 5 - 7 所示。图中,气源经汇流板分给 6 个换向阀的进气口,气缸 1A、2A、3A、4A、5A、6A 的两个工作口与电磁阀工作口之间均安装了单向节流阀,通过尾端节流阀来调整对应气动执行元件的工作速度。排气口安装的消声器可减小排气的噪声。

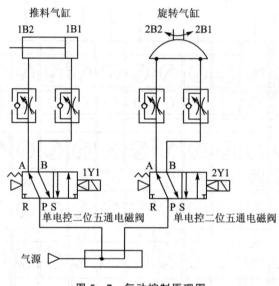

图 5 - 7　气动控制原理图

3. 气动元件的连接方法

① 单向节流阀应分别安装在气缸的工作口上,并缠绕好密封带,以免运行时漏气。

② 单电控换向阀的进气口和工作口应安装好快插接头,并缠绕好密封带,以免运行时漏气。

③ 汇流板的排气口应安装好消声器,并缠绕好密封带,以免运行时漏气。

④ 气动元件对应气口之间用塑料气管进行连接,做到安装美观,气管不交叉并保证气路畅通。

4. 气路系统的调试方法

分拣单元气路系统的调试主要是针对气动执行元件的运行情况进行的,其调试方法是通过手动控制单向换向阀,观察各气动执行元件的动作情况,气动执行元件运行过程中检查各管路的连接处是否有漏气现象,是否存在气管不畅通现象。同时,通过对各单向节流阀的调整来获得稳定的气动执行元件运行速度。

5.3　分拣单元的编程与调试

5.3.1　程序设计

1. 编程思路

本项目只考虑分拣单元作为独立设备运行时的情况,分拣单元工作的主令信号来自 PLC

的内部继电器或者外部上位机触摸屏控制。

具体的控制要求如下：分拣单元启动后，入料口检测到工件后变频器启动，驱动传动电动机，把工件带入分拣区。如果工件为白色，则该工件到达1号滑槽，传送带停止，工件被推到1号槽中；如果工件为黑色，旋转气缸旋转，工件被导入2号槽中。当分拣槽的对射式传感器检测到有工件输入时，应向系统发出分拣完成信号，等待下一次分拣动作。

2. 分拣单元单站运行控制程序

分拣单元单站运行部分梯形图如图5-8所示。

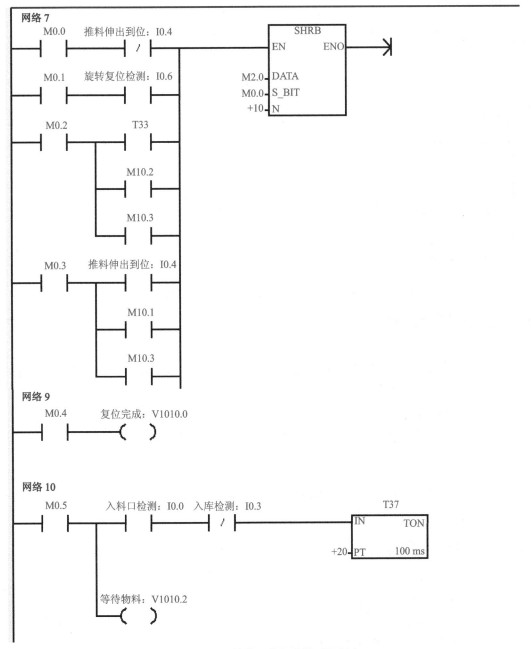

图5-8　分拣单元的部分梯形图程序

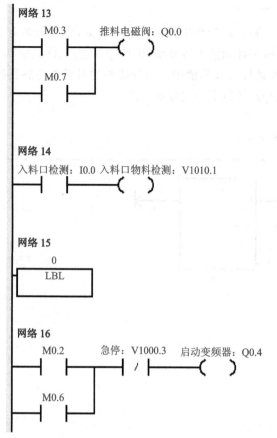

图 5-8 分拣单元的部分梯形图程序(续)

5.3.2 调试与运行

分拣单元的调试与运行如下:

① 调整气动部分,检查气路是否正确,气压是否合理、恰当,气缸的动作速度是否合适。

② 检查磁性开关的安装位置是否到位,磁性开关工作是否正常。

③ 检查 I/O 接线是否正确。

④ 检查光纤传感器安装是否合理,灵敏度是否合适,以保证检测的可靠性。

⑤ 检查变频器各项参数设置是否正确,确保电动机运行正常。

⑥ 放入工件,运行程序,观察分拣单元动作是否满足任务要求。

⑦ 调试各种可能出现的情况,比如在任何情况下都有可能加入工件,系统都要能可靠工作。

⑧ 优化程序。

5.3.3 问题与思考

分拣单元学习中的问题与思考如下:

① 总结与学会检查气动连线、编码器接线、变频器参数设置、I/O 检测及故障排除方法。

② 如果在分拣过程中出现意外情况应如何处理?

③ 思考分拣单元各种可能会出现的问题。

项目测评

选择题

(1) 分拣单元中,异步电动机转速的快慢是由变频器的(　　)来控制的。

A. P700　　　　　　B. P1000　　　　　　C. P1020　　　　　　D. P1040

(2) 分拣单元中,用哪种类型的传感器区分黑白工件?(　　)

A. 对射式光电传感器　　　　　　B. 漫射式光电传感器

C. 光纤传感器　　　　　　D. 电感传感器

(3) 分拣单元中控制黑色工件进入滑槽的是哪种类型的气缸?(　　)

A. 笔型气缸　　　B. 薄型气缸　　　C. 导杆气缸　　　D. 旋转气缸

(4) 分拣单元中控制白色工件进入滑槽的是哪种类型的气缸?(　　)

A. 笔型气缸　　　B. 薄型气缸　　　C. 导杆气缸　　　D. 旋转气缸

(5) 分拣单元中,用哪种类型的传感器实现入料口工件的检测?(　　)

A. 对射式光电传感器　　　　　　B. 漫射式光电传感器

C. 光纤传感器　　　　　　D. 电感传感器

项目六　输送单元的编程与调试

【知识目标】

➢ 掌握输送单元的结构和组成

➢ 掌握输送单元的工作过程

➢ 掌握输送单元电气控制线路的接线方法和步骤

➢ 掌握输送单元气动系统的连接、调试方法和步骤

➢ 掌握输送单元 PLC 编程和调试方法

【能力目标】

➢ 能够准确叙述输送单元的功能及组成

➢ 能够绘制出输送单元的电气原理图

➢ 能够绘制出输送单元的气动原理图

➢ 能够完成输送单元电路和气动系统的安装及调试

➢ 能够完成输送单元的 PLC 控制系统设计、安装及调试

【素质目标】

➢ 养成良好的职业素养、严谨的工作作风和团结协作的双创精神

【项目描述】

THJDAL-2 出厂配置时,输送单元在网络系统中担任着主站的角色,它接收来自触摸屏或按钮控制箱的系统主令信号,读取网络上各从站的状态信息,加以综合处理后,并向各从站发送控制要求,协调整个系统的工作。本项目主要学习步进电机的运行控制。

6.1　输送单元的结构与工作过程

6.1.1　输送单元的结构

输送单元主要由步进电机驱动器、直线导轨、三自由度搬运机械手、定位开关、行程开关、支架、机械组件等部件构成,主要完成工件的搬运操作。图 6-1 是输送单元的实物图。

THJDAL-2 生产线
输送单元介绍

① PLC 主机:用于控制端子全部接到挂箱面板的三号防转座上。

② 步进电机驱动器:用于控制三相步进电机。控制端子全部接到挂箱面板的三号防转座上。

③ 磁性传感器 1:用于对升降气缸的位置检测,当检测到气缸准确到位后给 PLC 发出一个到位信号。

④ 磁性传感器 2:用于对旋转气缸的位置检测,当检测到气缸准确到位后给 PLC 发出一个到位信号。

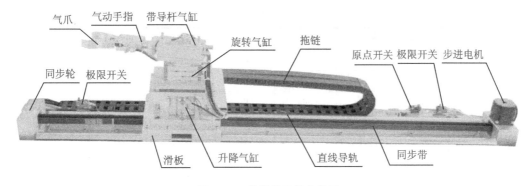

图 6-1　输送单元的实物图

⑤ 磁性传感器 3:用于对带导杆气缸的位置检测,当检测到气缸准确到位后给 PLC 发出一个到位信号。

⑥ 磁性传感器 4:用于对气动手指的位置检测,当检测到气缸准确到位后给 PLC 发出一个到位信号。

⑦ 行程开关:其中一个给 PLC 提供原点信号,另外两个用于硬件保护。当任何一轴运行过头,碰到行程开关时,断开步进电机控制信号公共端,使步进电机停止运行。

⑧ 电磁阀:升降气缸、旋转气缸、带导杆气缸可用二位五通的带手控开关的单控电磁阀控制;气动手指可用二位五通的带手控开关的双控电磁阀控制,四个电磁阀集中安装在带有消声器的汇流上。当 PLC 给电磁阀一个信号,电磁阀动作,对应气缸动作。

⑨ 升降气缸:由单控电磁阀控制。当气动电磁阀得电,气缸伸出,将机械手抬起。

⑩ 旋转气缸:由单控电磁阀控制。当气动电磁阀得电,将机械手旋转一定角度。

⑪ 带导杆气缸:由单控电磁阀控制。当气动电磁阀得电,将机械手伸出。

⑫ 气动手指:由双控电磁阀控制。当气动电磁阀一端得电时,气动手指张开或夹紧。

6.1.2　输送单元的工作过程

输送单元是 THJDAL-2 的传输纽带,负责向系统中的其他单元输送工件。工作中驱动抓取机械手装置精确定位到指定单元的物料台,在物料台上抓取工件,再把抓到的工件输送到指定地点后放下。

THJDAL-2 生产线
输送单元单站运行

6.1.3　步进电动机及驱动器

在 THJDAL-2 的输送单元中,采用了国产雷塞步进电动机及雷塞 3MD560 步进电机驱动装置作为运输机械手的运动控制装置,步进电机驱动器模块如图 6-2 所示。

三相步进电机驱动器的主要参数如下:

供电电压:直流 18～50 V;输出相电流:1.5～6.0 A;控制信号输入电流:6～20 mA。参数设定在驱动器的侧面连接端子中间的,具有蓝色的六位 SW 功能设置开关,SW1～SW4 代表电流设定如表 6-1 所列,SW5～SW7 代表细分设定如表 6-2 所列。其中西门子主机电流设定为 5.2 A,细分设定为 10 000。

表 6 - 1　步进电机电流设定

序　号	SW1	SW2	SW3	SW4	电流/A
1	OFF	OFF	OFF	OFF	1.5
2	ON	OFF	OFF	OFF	1.8
3	OFF	ON	OFF	OFF	2.1
4	ON	ON	OFF	OFF	2.3
5	OFF	OFF	ON	OFF	2.6
6	ON	OFF	ON	OFF	2.9
7	OFF	ON	ON	OFF	3.2
8	ON	ON	ON	OFF	3.5
9	OFF	OFF	OFF	ON	3.8
10	ON	OFF	OFF	ON	4.1
11	OFF	ON	OFF	ON	4.4
12	ON	ON	OFF	ON	4.6
13	OFF	OFF	ON	ON	4.9
14	ON	OFF	ON	ON	5.2
15	OFF	ON	ON	ON	5.5
16	ON	ON	ON	ON	6.0

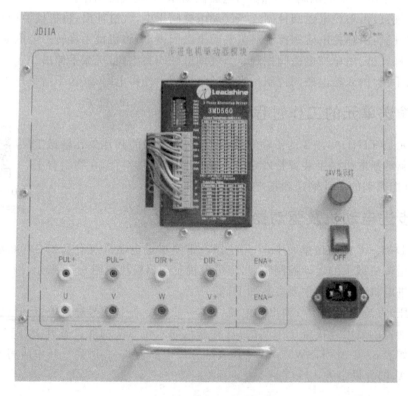

图 6 - 2　步进电机驱动器模块

表 6－2　步进电机细分设定

序　号	SW5	SW6	SW7	细　分
1	ON	ON	ON	200
2	OFF	ON	ON	400
3	ON	OFF	ON	500
4	OFF	OFF	ON	1000
5	ON	ON	OFF	2000
6	OFF	ON	OFF	4000
7	ON	OFF	OFF	5000
8	OFF	OFF	OFF	10000

三相步进电机、驱动器与西门子 S7－200PLC 连接如图 6－3 所示。

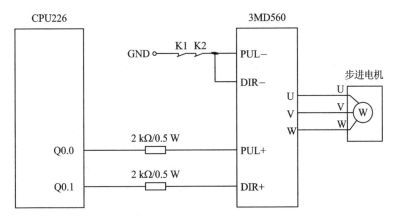

图 6－3　步进电机接线图

6.2　输送单元的电路和气路设计

6.2.1　输送单元的电路设计

1. PLC 的 I/O 地址分配

根据输送单元工作任务的要求,由于需要输出驱动伺服电机的高速脉冲,输送单元 PLC 应采用晶体管输出型。基于上述考虑,选用西门子 CPU 226 DC/DC/DC 型 PLC 主机单元,共 24 点输入,16 点晶体管输出。输送单元的 I/O 地址分配如表 6－3 所列。

2. PLC 的电气原理图

输送单元 PLC 电气原理如图 6－4 所示。

表 6 - 3　输送单元的 I/O 地址分配

输入信号				输出信号			
序　号	PLC 输入点	信号名称	信号来源	序　号	PLC 输入点	信号名称	信号来源
1	I0.0	原点行程开关		1	Q0.0	步进电机脉冲 PUL＋	
2	I0.1	提升台下限		2	Q0.1	步进电机方向 DIR＋	
3	I0.2	提升台上限		3	Q0.2	提升台电磁阀	
4	I0.3	左转到位		4	Q0.3	旋转电磁阀	
5	I0.4	右转到位		5	Q0.4	手爪伸出电磁阀	
6	I0.5	手爪伸出到位		6	Q0.5	手爪夹紧电磁阀	
7	I0.6	手爪缩回到位		7	Q0.6	手爪放松电磁阀	
8	I0.7	手爪夹紧状态					
9	I1.0	复位按钮					
10	I1.1	启动按钮					
11	I1.2	停止按钮					
12	I1.3	紧急停止					

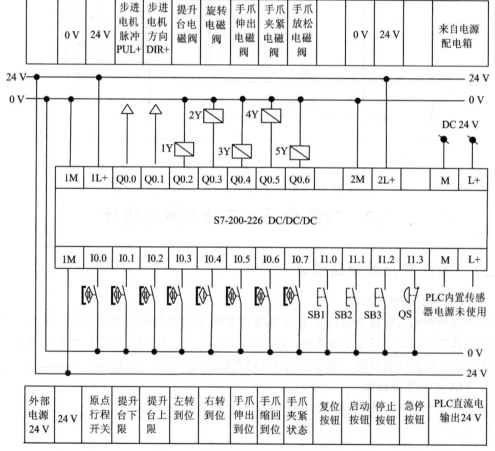

图 6 - 4　输送单元 PLC 电气原理图

3. PLC的端子接线图

输送单元的传感器接线时需要注意如下几点：

光电传感器引出线：棕色线接"＋24 V"电源端，蓝色线接"0 V"端，黑色线接PLC输入端；磁性传感器引出线：蓝色线接"0 V"端，棕色线接PLC输入端；电磁阀引出线：红色线接"PLC输出"端，黑色线接0 V端。输送单元PLC端子接线如图6-5所示。

1	2	3	4	5	6	7	8	9	10	11	12	13	14	15	16	17	18	19	20	21	22	23	24	25	26	27	28	29	30	31	32	33	34	35	36	37	38	39	40	41	42	43	44
交流电机U	交流电机V	交流电机W		分拣站L	分拣站N	PLC 2L	PLC Q0.4	+24 V	0 V	原点行程开关1	原点行程开关2	提升台下限位正	提升台下限位负	提升台上限位正	提升台上限位负	左旋到位正	左旋到位负	右旋到位正	右旋到位负	手爪伸出限位正	手爪伸出限位负	手爪缩回限位正	手爪缩回限位负	手爪夹紧状态正	手爪夹紧状态负																		

45	46	47	48	49	50	51	52	53	54	55	56	57	58	59	60	61	62	63	64	65	66	67	68	69	70	71	72	73	74	75	76	77	78	79	80	81	82	83	84	85	86	87	88
提升台电磁阀正	提升台电磁阀负	手爪旋转电磁阀正	手爪旋转电磁阀负	手爪伸出电磁阀正	手爪伸出电磁阀负	手爪夹紧电磁阀正	手爪夹紧电磁阀负	手爪放松电磁阀正	手爪放松电磁阀负													触摸屏电源正	触摸屏电源负												极限位行程开关1	极限位行程开关2				步进电机U	步进电机V	步进电机W

备注：1. 磁性传感器引出线：蓝色线为"负"，接"0 V"；棕色线为"正"，接PLC输入端

2. 电磁阀引出线：黑色线为"负"，接"0 V"；红色线为"正"，接PLC输出端

图6-5　输送单元PLC端子接线图

6.2.2　输送单元的气路设计

1. 气动系统的组成

输送单元的气动系统主要包括气源、气动汇流板、直线气缸、摆动气缸、气动手指、单电控换向阀、双电控换向阀、单向节流阀、消声器、快插接头和气管等，它们的主要作用是完成机械手的提升、旋转、伸缩和夹紧等操作。

输送单元的气动执行元件由两个双作用气缸组成。其中，1B1、1B2为提升气缸上的2个位置检测传感器（磁性开关）；2B1、2B2为旋转气缸上的2个位置检测传感器（磁性开关）；3B1、3B2为手爪伸出气缸上的2个位置检测传感器（磁性开关）；4B为夹紧气缸上的夹紧检测传感器（磁性开关）；单向节流阀用于气缸的调速，气动汇流板用于组装单电控换向阀及附件。单电控换向阀控制提升、旋转和手爪伸出气缸；双电控换向阀控制夹紧气缸。

2. 气路控制原理图

输送单元的气路控制原理如图6-6所示。图中气源经汇流板分给4个换向阀的进气口，每个气缸的两个工作口与电磁阀工作口之间均安装了单向节流阀，通过尾端节流阀调整对应气动执行元件的工作速度。排气口安装的消声器可减小排气的噪声。

3. 气动元件的连接方法

① 单向节流阀应分别安装在气缸的工作口上，并缠绕好密封带，以免运行时漏气。

② 单电控换向阀、双电控换向阀的进气口和工作口应安装好快插接头，并缠绕好密封带，

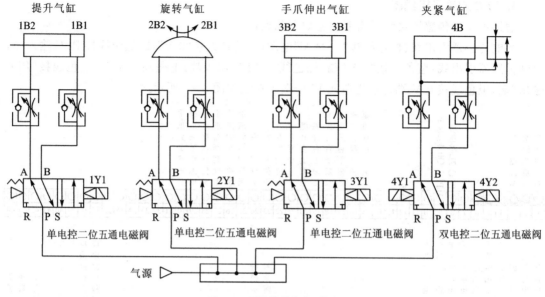

提升气缸　　　　　　旋转气缸　　　　　　手爪伸出气缸　　　　　夹紧气缸

单电控二位五通电磁阀　　单电控二位五通电磁阀　　单电控二位五通电磁阀　　双电控二位五通电磁阀

气源

图 6 - 6　输送单元气路图

以免运行时漏气。

③ 汇流板的排气口应安装好消声器,并缠绕好密封带,以免运行时漏气。

④ 气动元件对应气口之间用塑料气管进行连接,做到安装美观,气管不交叉并保证气路畅通。

4. 气路系统的调试方法

输送单元气路系统的调试主要是针对气动执行元件的运行情况进行的,其调试方法是通过手动控制单向换向阀,观察各气动执行元件的动作情况,气动执行元件运行过程中检查各管路的连接处是否有漏气现象,是否存在气管不畅通现象。同时,通过对各单向节流阀的调整来获得稳定的气动执行元件运行速度。

6.3　输送单元的编程与调试

6.3.1　程序设计

1. 编程思路

本项目只考虑输送单元作为独立设备运行时的情况,输送单元工作的主令信号来自 PLC 的内部继电器或者外部上位机触摸屏控制。

具体的控制要求如下:

输送单元启动后,机械手执行向供料单元抓取工件操作;工件抓取完成后,执行向加工单元运动;到达加工单元后,执行向加工单元放下工件操作;当加工单元完成工件加工操作后,机械手再次执行向加工单元抓取工件操作;工件抓取完成后,执行向装配单元运动;到达装配单元后,执行向装配单元放下工件操作;当装配单元完成工件装配操作后,机械手再次执行向装配单元抓取工件操作;工件抓取完成后,机械手左旋;左旋到位后,执行向分拣单元运动;到达分拣单元后,执行向分拣单元放下工件操作,机械手返回原点位置并右旋回到初始位置,并向系统发出输送完成信号,等待下一次输送动作。

2. 程序设计

输送单元单站运行部分梯形图如图 6-7 所示。

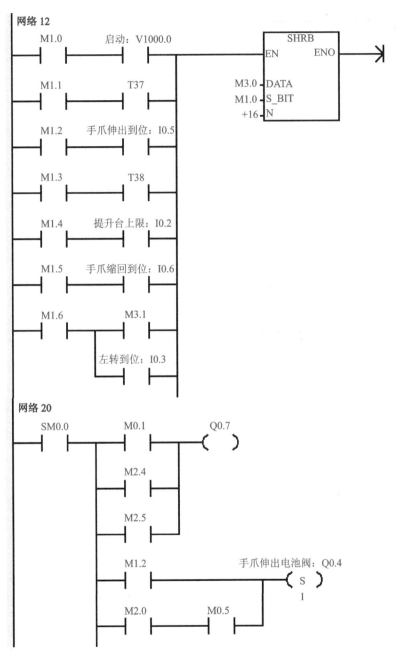

图 6-7 输送单元的部分梯形图程序

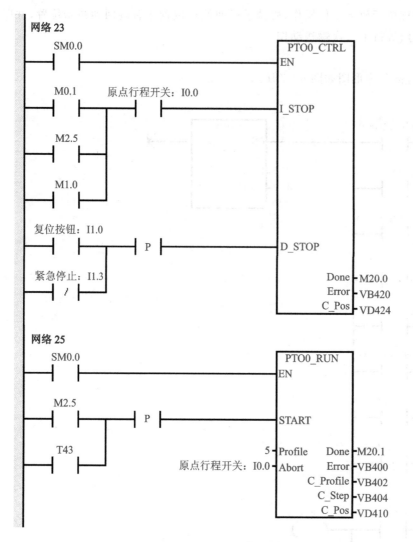

图 6-7 输送单元的部分梯形图程序(续)

6.3.2 调试与运行

① 调整气动部分,检查气路是否正确,气压是否合理、恰当,气缸的动作速度是否合适。

② 检查磁性开关的安装位置是否到位,磁性开关工作是否正常。

③ 检查 I/O 接线是否正确。

④ 检查光纤传感器安装是否合理,灵敏度是否合适,以保证检测的可靠性。

⑤ 检查步进电机驱动器各项参数设置是否正确,确保电动机运行正常。

⑥ 放入工件,运行程序,观察输送单元动作是否满足任务要求。

⑦ 调试各种可能出现的情况,如在任何情况下都有可能加入工件,系统都要能可靠工作。

⑧ 优化程序。

6.3.3 问题与思考

① 总结与学会检查气动连线、编码器接线、步进电机参数设置、I/O 检测及故障排除方法。

② 在输送过程中如果出现意外情况应如何处理?

③ 思考输送单元可能会出现何种问题。

项目测评

选择题

(1)输送单元中搬运机械手使用的是什么类型的电动机?( )

A. 直流电动机　　　B. 交流电动机　　　C. 步进电动机　　　D. 伺服电动机

(2)双电控二位五通电磁阀,在两端都无电控信号时,阀芯的位置是( )。

A. 左位　　　　　　　　　　　　　B. 右位

C. 中位　　　　　　　　　　　　　D. 取决于前一个电控信号

(3)输送单元使用了( )个传感器?

A. 10　　　　　　　B. 11　　　　　　　C. 12　　　　　　　D. 13

(4)输送单元的哪个气缸使用的是双电控的电磁阀?( )

A. 伸出气缸　　　　B. 提升气缸　　　　C. 手指气缸　　　　D. 旋转气缸

(5)输送单元中,搬运机械手原点定位功能使用的是哪种类型的传感器?( )

A. 电容式接近开关　B. 电感式接近开关　C. 行程开关　　　　D. 磁性开关

项目七　THJDAL－2 自动化生产线联机调试

【知识目标】
➤ 掌握西门子 PPI 通信协议及通过向导设置通信的方法与步骤
➤ 掌握 THJDAL－2 各工作单元联机程序的设计、调试方法与步骤
➤ 掌握 THJDAL－2 系统联机调试的故障分析及排除方法

【能力目标】
➤ 能够完成 THJDAL－2 各工作单元的机械部分安装与调试
➤ 能够完成 THJDAL－2 各工作单元的电气部分安装与调试
➤ 能够完成 THJDAL－2 各工作单元的联机 PLC 控制系统设计、安装及调试
➤ 能够完成 THJDAL－2 各工作单元的准确定位
➤ 能够完成系统的联机调试
➤ 能够正确调整传感器的安装位置及工作模式开关

【素质目标】
➤ 养成良好的职业素养、严谨的工作作风和团结协作的双创精神

【项目描述】
在前面的项目中,重点介绍了 THJDAL－2 各工作单元作为独立设备工作时的控制过程,本项目将以 THJDAL－2 作为一个综合生产线系统联机运行调试的控制过程。

7.1　PPI 网络通信

7.1.1　西门子 PPI 通信概述

PPI 协议是 S7－200 CPU 最基本的通信方式,通过本身的端口(PORT0 或 PORT1)就可以实现通信,PPI 协议是 S7－200 默认的通信方式。

PPI 是一种主/从协议通信,主/从站在一个令牌环网中,主站发送要求到从站器件,从站器件响应;从站器件不发信息,只是等待主站的要求并对要求作出响应。如果在用户程序中使能 PPI 主站模式,就可以在主站程序中使用网络读写指令来读写从站信息。而从站程序没有必要使用网络读写指令。

7.1.2　PPI 通信与组网实例

下面以 THJDAL－2 各工作站 PLC 实现 PPI 通信的操作步骤为例,说明使用 PPI 协议实现通信的步骤。

1. 设置系统块中的通信端口参数

对网络上每一台 PLC,设置其系统块中的通信端口参数,对用作 PPI 通信的端口(PORT0 或 PORT1),指定其地址(站号)和波特率。设置后把系统块下载到该 PLC。具体操作如下:

运行个人电脑上的 STEP7 V4.0(SP5)程序,打开设置端口界面。利用 PPI/RS485 编程电缆单独把输送单元 CPU 系统块中设置端口 0 为 1 号站,波特率为 187.5 kbps,如图 7-1 所示。同样方法设置供料单元 CPU 端口 0 为 2 号站,波特率也为 187.5 kbps;加工单元 CPU 端口 0 为 3 号站,波特率为 187.5 kbps;装配单元 CPU 端口 0 为 4 号站,波特率为 187.5 kbps;最后设置分拣单元 CPU 端口 0 为 5 号站,波特率为 187.5 kbps。分别把系统块下载到相应的CPU 中。

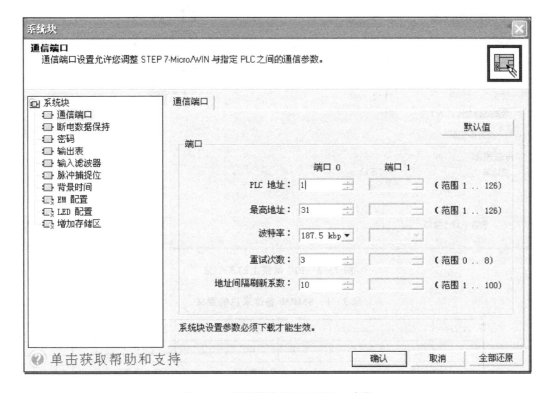

图 7-1 设置输送站 PLC 端口 0 参数

2. 把各 PLC 用作 PPI 通信的端口

利用网络接头和网络线把各台 PLC 中用作 PPI 通信的端口 0 连接,所使用的网络接头中,2♯～5♯站用的是标准网络连接器(货号:6ES7 977-0BA17-0XA0),1♯站用的是带编程接口的连接器(货号:6ES7 977-0BB17-0XA0),该编程口通过 RS232/PPI 多主站电缆或USB/PPI 多主站电缆与个人计算机连接。

然后利用 STEP7 V4.0 软件和 PPI/RS485 编程电缆搜索出 PPI 网络的 5 个站,如图 7-2 所示。

3. PPI 网络中的主站与 PPI 模式

PPI 网络中的主站(输送站)PLC 程序中,必须在上电第 1 个扫描周期,用特殊存储器SMB30 指定其主站属性,从而使能其主站模式。SMB30 是 S7-200 PLC PORT-0 自由通信口的控制字节,各位表达的意义如表 7-1 所列。

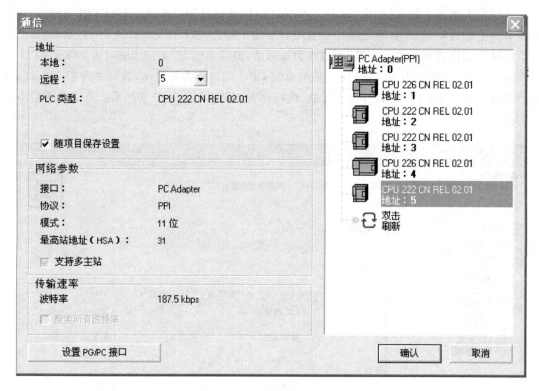

图 7-2　PPI 网络上的 5 个站

表 7-1　SMB30 各位表达的意义

bit7	bit6	bit5	bit4	bit3	bit2	bit1	bit0
p	p	d	b	b	b	m	m
pp:校验选择		d:每个字符的数据位			mm:协议选择		
00＝不校验		0＝8 位			00＝PPI/从站模式		
01＝偶校验		1＝7 位			01＝自由口模式		
10＝不校验					10＝PPI/主站模式		
11＝奇校验					11＝保留（未用）		
bbb:自由口波特率		（单位:波特）					
000＝38 400		011＝4 800			110＝115.2 k		
001＝19 200		100＝2 400			111＝57.6 k		
010＝9 600		101＝1 200					

　　在 PPI 模式下,控制字节的 2～7 位是被忽略掉的。即 SMB30＝00000010,定义 PPI 主站。SMB30 中协议选择默认值是 00＝PPI 从站,因此,从站侧不需要初始化。THJDAL-2 系统中,按钮及指示灯模块的按钮、开关信号连接到输送单元的 PLC(S7-226 CN)输入口,以提供系统的主令信号。因此在网络中输送站是指定为主站的,其余各站均指定为从站。图 7-3 所示为 THJDAL-2 的 PPI 网络。

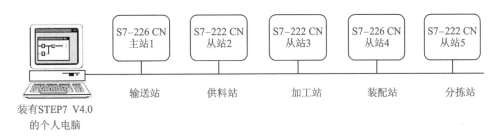

图 7 - 3　THJDAL - 2 的 PPI 网络

4. 编写主站网络读写程序段

如前所述,在 PPI 网络中,只有主站程序中使用网络读写指令来读写从站信息。而从站程序没有必要使用网络读写指令。

网络读写指令 NETR/NETW,用于在西门子 S7 - 200 PPI 网络中的各 CPU 之间通信。网络读写指令只能由在网络中充当 PPI 主站的 CPU 执行,从站 CPU 不必专门编写通信程序,只须将与主站通信的数据放入数据缓冲区即可;此种通信方式中的主站 CPU 可以对 PPI 网络中其他任何从站 CPU 进行网络读写操作。

NETR 指令:网络"读"指令,用于主站 CPU 通过指定的通信口从其他从站 CPU 中指定的数据区读取以字节为单位的数据,存入本站 CPU 中指定地址的数据区中;读取的最大数据量为 16 个字节。

NETW 指令:网络"写"指令,用于主站 CPU 通过指定的通信口将本站 CPU 指定地址的数据区中的以字节为单位的数据写入其他从站 CPU 中指定的数据区中;写入的最大数据量为 16 个字节。

在编写主站的网络读写程序前,应预先规划好下面数据:

① 主站向各从站发送数据的长度(字节数);

② 发送的数据位于主站何处;

③ 数据发送到从站的何处;

④ 主站从各从站接收数据的长度(字节数);

⑤ 主站从从站的何处读取数据;

⑥ 接收到的数据放在主站何处。

以上数据,应根据系统工作要求,信息交换量应统一筹划。在 THJDAL - 2 中,各工作站 PLC 所需交换的信息量不大,主站向各从站发送的数据只是主令信号,从从站读取的也只是各从站状态信息,发送和接收的数据均 1 个字(2 个字节)已经足够。作为例子,所规划的参考数据如表 7 - 2 所列。

网络读写指令可以向远程站发送或接收 16 个字节的信息,在 CPU 内同一时间最多可以有 8 条指令被激活。THJDAL - 2 有 4 个从站,因此考虑同时激活 4 条网络读指令和 4 条网络写指令。

表 7 - 2　网络读写数据规划实例

输送站 1#站(主站)	供料站 2#站(从站)	加工站 3#站(从站)	装配站 4#站(从站)	分拣站 5#站(从站)
发送数据的长度	2字节	2字节	2字节	2字节
从主站何处发送	VB100	VB100	VB100	VB100
发往从站何处	VB100	VB100	VB100	VB100
接收数据的长度	2字节	2字节	2字节	2字节
数据来自从站何处	VB200	VB200	VB200	VB200
数据存到主站何处	VB220	VB230	VB240	VB250

根据上述数据,即可编制主站的网络读写程序。但更简便的方法是借助网络读写向导程序。这一向导程序可以快速简单地配置复杂的网络读写指令操作,为所需的功能提供一系列选项。一旦完成,向导将为所选配置生成程序代码。并初始化指定的 PLC 为 PPI 主站模式,同时使能网络读写操作。

要启动网络读写向导程序,在 STEP7 V4.0 软件命令菜单中选择工具→指令导向,并且在指令向导窗口中选择 NETR/NETW(网络读写),单击"下一步"后,就会出现 NETR/NETW 指令向导界面,如图 7 - 4 所示。

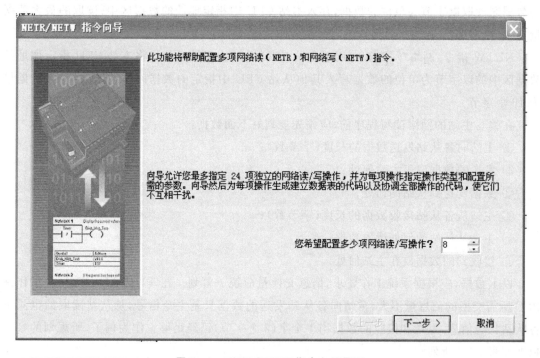

图 7 - 4　NETR/NETW 指令向导界面

本界面和紧接着的下一个界面,将要求用户提供希望配置的网络读写操作总数、指定进行读写操作的通信端口、指定配置完成后生成的子程序名字,完成这些设置后,将进入对具体每一条网络读或写指令的参数进行配置的界面。

在本例子中,8 项网络读写操作如下安排:第 1～4 项为网络读操作,主站读取各从站数据。第 5～8 项为网络写操作,主站向各从站发送数据。图 7－5 为第 1 项操作配置界面,选择 NETR 操作,并按表 7－5 中供料单元(2♯从站)规划填写数据。

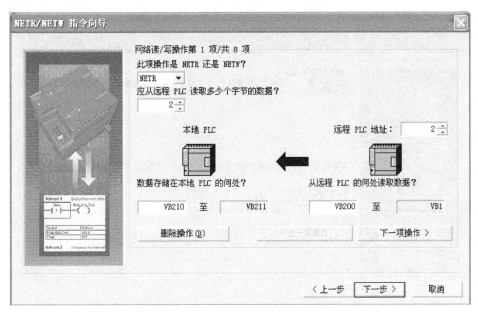

图 7－5　对供料单元的网络读操作

单击"下一项操作",填写对加工单元(2♯从站)读操作的参数,以此类推,直到第 4 项,完成对分拣单元(4♯从站)读操作的参数填写。再单击"下一项操作",进入第 5 项配置,5～8 项都是选择网络写操作,按表 7－2 中各站规划逐项填写数据,直至 8 项操作配置完成。图 7－6 是对供料单元的网络写操作配置。

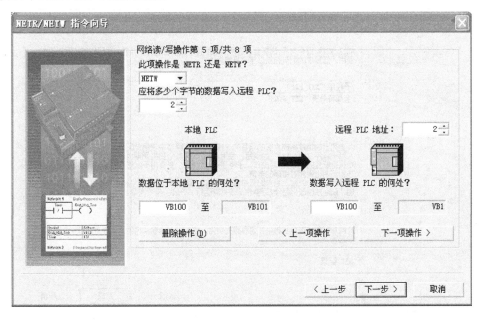

图 7－6　对供料单元的网络写操作配置

8项配置完成后,单击"下一步",导向程序将要求指定一个 V 存储区的起始地址,以便将此配置放入 V 存储区。这时若在选择框中填入一个 VB 值(例如,VB1000),单击"建议地址",程序自动进入一个大小合适且未使用的 V 存储区地址范围,如图 7-7 所示。

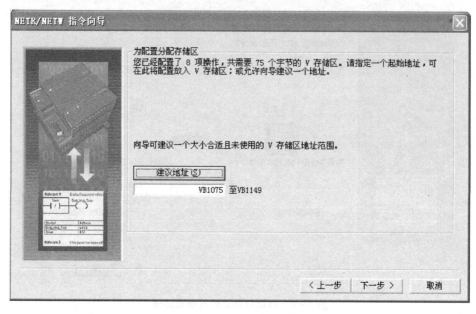

图 7-7　为配置分配存储区

单击"下一步",全部配置完成,向导将为所选的配置生成项目组件,如图 7-8 所示。修改或确认图中各栏目后,单击"完成",借助网络读写向导程序配置网络读写操作的工作结束。这时,指令向导界面消失,程序编辑器窗口将增加 NET_EXE 子程序标记。

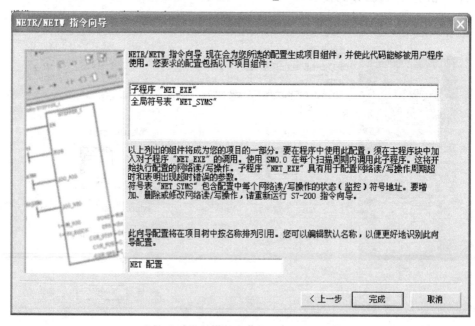

图 7-8　生成项目组件

在程序中使用上面所完成的配置,须在主程序块中加入对子程序"NET_EXE"的调用。使用SM0.0在每个扫描周期内调用此子程序,这将开始执行配置的网络读/写操作。子程序NET_EXE的调用如图7-9所示。

网络1　在每一个扫描周期,调用网络读写子程序NET_EXE

图7-9　子程序 NET_EXE 的调用

由图可见,NET_EXE有Timeout、Cycle、Error等几个参数,其含义如下:

Timeout:设定的通信超时时限,1~32 767 s,若=0,则不计时。

Cycle:输出开关量,所有网络读/写操作每完成一次切换状态。

Error:发生错误时报警输出。

本例中Timeout设定为0,Cycle输出到Q1.6,故网络通信时,Q1.6所连接的指示灯将闪烁。Error输出到Q1.7,当发生错误时,所连接的指示灯将亮。

7.2　THJDAL-2联机程序编程与调试

THJDAL-2型自动化生产线由供料、输送、装配、加工和分拣等5个工作单元组成,均设置一台PLC承担其控制任务,各PLC之间通过RS485串行通信的方式实现互联,系统主令工作信号由连接到主站(输送单元)PLC的按钮操作箱提供,主站与各从站之间通过网络交换信息,构成分布式的控制系统。

自动化生产线的主要工作目标是把装配单元料仓内的圆形外套工件嵌入供料单元提供的凸形工件(白色或黑色工件)中,模拟加工后送往分拣单元按黑白关系进行成品分拣。图7-10是已完成装配和模拟加工的成品工件。

图7-10　已完成装配和模拟加工的成品工件

1. 自动化生产线设备部件安装

完成THJDAL-2自动化生产线的供料、装配、加工、分拣和输送单元的装配工作,并把这些工作单元安装在 THJDAL - 2 的工作桌面上,要求安装误差不大于 1 mm。

2. 气路连接及调整

完成 THJDAL - 2 各工作单元的气路连接,并调整气路,确保各气缸运行顺畅和平稳。

3. 电路设计和电路连接

完成 THJDAL - 2 各工作单元的传感器、电磁阀等元件与 PLC 之间的电气接线,并进行 PLC 的 I/O 地址分配。

根据工作任务的要求,设置步进电机、伺服驱动器和 MM420 变频器的参数。

4. 各站 PLC 网络连接

本系统的 PLC 网络指定输送单元作为系统主站。应根据用户所选用的 PLC 类型,选择合适的网络通信方式并完成网络连接。

5. 程序编制及调试

当供料单元和装配单元料仓中有充足的工件,各个工作单元都处于初始位置,且系统没有按下急停开关,按下启动按钮后,系统才能进入运行状态。

(1) 系统正常的全线运行模式步骤

系统上电后,PPI 网络正常工作。在输送单元的按钮操作箱上按下复位按钮,执行复位操作,复位过程包括使输送单元机械手装置回到原点位置和检查各工作单元是否处于初始状态。各工作单元初始状态是指:

① 各工作单元气动执行元件均处于初始位置。

② 供料单元料仓内有足够的凸形工件。

③ 装配单元料仓内有足够的圆形外套工件。

④ 抓取机械手装置已返回参考点停止。

在复位过程中若上述条件中任一条件不满足,则安装在装配单元上的黄色警示灯常亮,红色和绿色灯均熄灭,这时系统不能启动。

如果上述各工作单元均处于初始状态,黄色警示灯熄灭,绿色警示灯以 1 Hz 的频率闪烁亮。这时若按下输送单元操作箱的绿色启动按钮,则系统启动,绿色警示灯常亮,表示系统已经联机运行。

(2) 供料单元的工作流程

如果供料单元出料台上没有工件,即进行把工件推到出料台上的操作,直到计划生产任务完成。

(3) 加工单元的工作流程

启动后,当加工台上有工件且被检出后,设备执行将工件夹紧,X 轴和 Y 轴电机同时运动到加工区域,升降气缸下降,加工电机旋转,延时 3 s 后,加工电机停止旋转,升降气缸上升,X 轴和 Y 轴电机同时运动回到初始位置,夹紧气缸松开,完成工件加工的工序。

(4) 装配单元的工作流程

装配单元启动后,装配站旋转工作台的入料口传感器检测到凸形工件后,三工位旋转工作台顺时针旋转,将工件旋转到井式料仓下方,井式料仓机构顶料气缸伸出顶住倒数第二个工件;挡料气缸缩回,井式料仓中底层的工件落到待装配工件上,挡料气缸伸出到位,顶料气缸缩回物料落到工件库底层,同时三工位旋转工作台顺时针旋转,将工件旋转到冲压装配机构下方,冲压气缸下压,完成工件压紧装配后,冲压气缸上升回到原位,三工位旋转工作台顺时针旋转到初始原点位置,完成装配任务后,装配机械手应返回初始位置,等待下一次装配。

(5) 输送单元的工艺工作流程

输送单元启动后,机械手执行向供料单元抓取工件操作,工件抓取完成后,执行向加工单元运动,到达加工单元后,执行向加工单元放下工件操作,当加工单元完成工件加工操作后,机械手再次执行向加工单元抓取工件操作,工件抓取完成后,执行向装配单元运动,到达装配单元后,执行向装配单元放下工件操作,当装配单元完成工件装配操作后,机械手再次执行向装配单元抓取工件操作,工件抓取完成后,机械手左旋,左旋到位后,执行向分拣单元运动,到达分拣单元后,执行向分拣单元放下工件操作,机械手返回原点位置并右旋回到初始位置,并向系统发出输送完成信号,等待下一次输送动作。

(6) 分拣单元的工作流程

分拣单元接收到系统发来的启动信号时,即进入运行状态,入料口检测到工件后变频器启动,驱动传动电动机,把工件带入分拣区。如果工件为白色,则该工件到达1号滑槽,传送带停止,工件被推到1号槽中;如果为黑色,旋转气缸旋转,工件被导入2号槽中。当分拣槽的对射传感器检测到有工件输入时,应向系统发出分拣完成信号,等待下一次分拣动作。

当分拣气缸活塞杆推出工件并返回后,向系统发出分拣完成信号。

(7) 系统的停止

按下系统停止按钮,绿色警示灯熄灭,红色警示灯以1 Hz闪烁,各工作单元在完成当前工作任务后停止。

(8) 系统的急停

按下系统急停开关后,绿色警示灯熄灭,红色警示灯常亮,各工作单元立即停止当前工作,在故障排出后,旋开急停开关,按下复位按钮,系统回到初始位置后才能重新运行。

6. 各个单元部分联机程序设计

由于篇幅限制,不便于完整展示程序全部内容,这里依次介绍每个单元的一部分程序,输送单元联机程序如图7-11所示;供料单元联机程序如图7-12所示;加工单元联机程序如图7-13所示;装配单元联机程序如图7-14所示;分拣单元联机程序如图7-15所示。

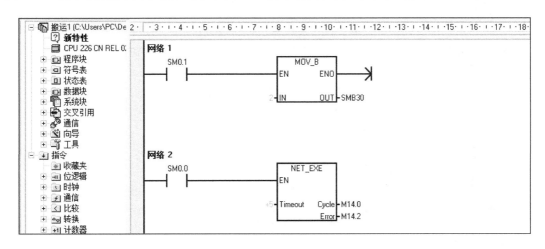

图7-11 输送单元部分联机程序

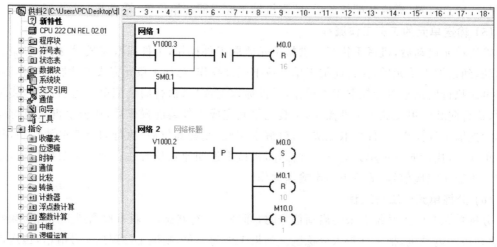

图 7-12 供料单元部分联机程序

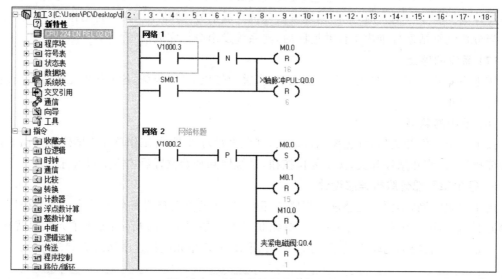

图 7-13 加工单元部分联机程序

图 7-14 装配单元部分联机程序

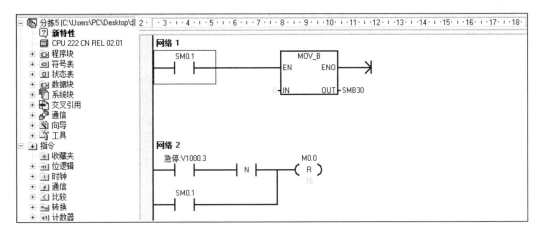

图 7-15　分拣单元部分联机程序

7.3　常见故障诊断与排除

常见故障 1:设备无法正常供电。

故障现象:电源空气开关无法闭合。

解决办法:按下黑色小按钮,缓慢闭合空气开关。

常见故障 2:气路异常。

故障现象:机械手夹不住工件,工件掉落。

解决办法:气压过低,增大调压阀输出气压。

常见故障 3:传感器异常。

故障现象:自动线工作时突然停止,不继续运行。

解决办法:检查当前动作到位的传感器信号是否正常。

常见故障 4:工件分拣异常。

故障现象:黑白工件检测识别错误。

解决办法:调节光纤传感器灵敏度和位置是否正确。

常见故障 5:步进电机工作异常 1。

故障现象:步进电机不运动。

解决办法:打开步进电机驱动电源开关。

常见故障 6:步进电机工作异常 2。

故障现象:步进电机运行方向错误。

解决办法:查看方向端 Q0.1 和 Q0.7 是否接错。

常见故障 7:系统无法复位完成。

故障现象:警示黄灯一直亮不熄灭。

解决办法:检查各个工作单元的机械位置是否在初始状态,各个位置检测传感器是否正常,PLC 的对应输入地址是否有正常信号。

常见故障 8:系统供料指示异常。

故障现象:料仓缺料,黄灯不闪烁。

THJDAL－2 生产线
常见故障分析与排除

解决办法:检查供料单元和装配单元料仓位置放置或物料有无传感器工作是否正常。

常见故障9:操作设备无效。

故障现象:按启动或复位等主令信号无反应。

解决办法:检查急停开关是否被按下。

常见故障10:推工件动作异常。

故障现象:工件推出时,工件被推倒。

解决办法:调节单向节流阀,保证气缸伸缩速度合适。

项目测评

选择题

(1) 亚龙 THJDAL－2 型自动化生产线设备型自动生产线实训设备各 PLC 之间通过( )通信实现数据交换。

A. 以太网   B. PPI   C. MPI   D. S7

(2) 当系统按下黄色复位按钮时,装配单元的警示灯怎么变化?( )

A. 黄灯常亮   B. 黄灯闪烁   C. 红灯常亮   D. 红灯闪烁

(3) ( )是 THJDAL－2 型自动化生产线设备系统中最为重要也是承担任务最为繁重的工作单元。

A. 加工单元   B. 供料单元   C. 输送单元   D. 分拣单元

(4) 当系统按下红色急停按钮时,装配单元的警示灯怎样变化?( )

A. 黄灯常亮   B. 黄灯闪烁   C. 红灯常亮   D. 红灯闪烁

(5) THJDAL－2 型自动化生产线设备无法完成复位动作,一般是由( )导致的。

A. 各个传感器不在初始位置   B. 急停开关被按下

C. 步进驱动器模块未通电   D. 以上都有可能

第二篇

亚龙 YL－335B 型自动化生产线

项目八　YL－335B 型自动化生产线的组成与功能

项目九　供料单元的编程与调试

项目十　加工单元的编程与调试

项目十一　装配单元的编程与调试

项目十二　分拣单元的编程与调试

项目十三　输送单元的编程与调试

项目十四　YL－335B 型自动化生产线联机调试

项目八　YL-335B型自动化生产线的组成与功能

【知识目标】
- 掌握 YL-335B 型自动化生产线实训考核设备的结构组成
- 掌握 YL-335B 型自动化生产线实训考核设备的主要功能
- 掌握 YL-335B 型自动化生产线实训考核设备的控制系统
- 掌握 YL-335B 型自动化生产线实训考核设备的气动系统

【能力目标】
- 能够准确叙述各个工作单元的结构组成和主要功能
- 能够正确操作 YL-335B 型自动化生产线实训考核设备通电
- 能够正确操作 YL-335B 型自动化生产线实训考核设备通气

【素质目标】
- 养成良好的职业素养、严谨的工作作风和团结协作的双创精神

【项目描述】

主要介绍了亚龙 YL-335B 型自动化生产线实训考核设备的基本组成、基本功能、控制系统和供电电源系统,从理论上讲解气源系统的基本组成和基本器件。

8.1　YL-335B 型生产线的组成与功能

8.1.1　YL-335B 型自动化生产线的基本组成

亚龙 YL-335B 型自动化生产线实训考核设备(以下简称 YL-335B)由安装在铝合金导轨式实训台上的供料单元、加工单元、装配单元、输送单元和分拣 5 个单元组成,其外观如图 8-1 所示。

每一个工作单元既可自成一个独立的系统,同时又是一个机电一体化系统中的一部分。各个单元的执行机构基本上以气动执行机构为主,但输送单元的机械手装置整体运动则采取伺服电机驱动、实现精确定位的位置运动控制方式,该驱动系统具有长行程、多定位点的特点,是一个典型的一维位置控制系统。分拣单元的传送带驱动则采用了通用变频器驱动三相交流异步电动机的传动装置。位置控制和变频器技术是现代工业应用最为广泛的电气控制技术。

YL-335B
生产线介绍

YL-335B 应用了多种类型的传感器,分别用于判断物体的有无、颜色及材质、运动位置和运动状态等。传感器技术是机电一体化装备应用技术中的关键技术之一,也是现代工业实现高度自动化的前提之一。

在控制方面,YL-335B 采用了基于 RS485 串行通信的 PLC 网络控制方案,即每个工作单元由一台 PLC 承担其控制任务,各 PLC 之间通过 RS485 串行通信实现互联的分布式控制

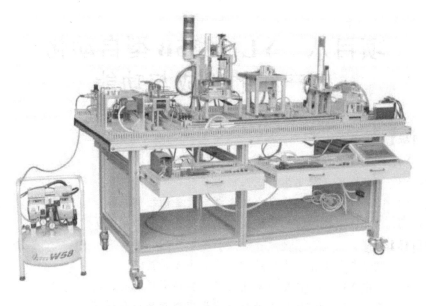

图 8 - 1　YL - 335B 型自动化生产线实训考核设备

方式。用户可根据需要选择不同厂家的 PLC 型号及其所支持的 RS485 通信模式,组建成一个小型的 PLC 网络。小型 PLC 网络以其结构简单、价格低廉的特点在小型自动化生产线仍然有着广泛的应用,在现代工业网络通信中仍占据相当的份额。另一方面,掌握基于 RS485 串行通信的 PLC 网络技术,将为进一步学习现场总线技术、工业以太网技术等打下了良好而扎实的基础。

8.1.2　YL - 335B 型自动化生产线的基本功能

YL - 335B 各工作单元在实训台上的分布情况如图 8 - 2 所示。

YL - 335B 自动线
设备运行

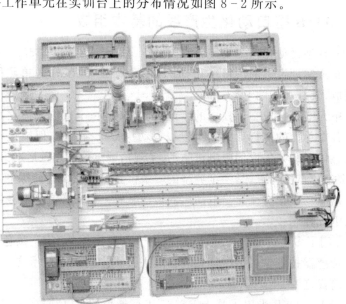

图 8 - 2　YL - 335B 的结构俯视图

各个工作单元的基本功能如下：

1. 供料单元的基本功能

供料单元是 YL－335B 中的起始单元,在整个系统中起着向系统中的其他单元提供原料的作用。其功能是将放置在料仓中待加工工件(原料)自动地推出到物料台上,以便输送单元的机械手将其抓取并输送到其他单元上。图 8－3 所示为供料单元的实物图。

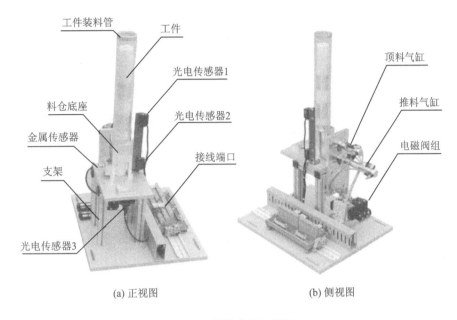

(a) 正视图   (b) 侧视图

图 8－3 供料单元实物图

2. 加工单元的基本功能

加工单元将物料台上的工件(工件由输送单元的抓取机械手装置送来)送到冲压机构下面,完成一次冲压加工动作,然后再送回到物料台上,待输送单元的抓取机械手装置取出。图 8－4 所示为加工单元实物图。

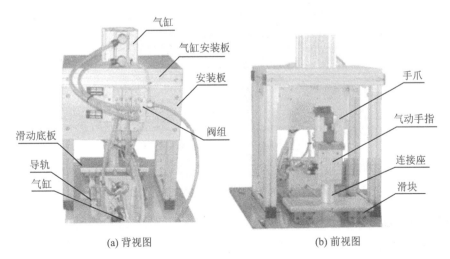

(a) 背视图   (b) 前视图

图 8－4 加工单元实物图

3. 装配单元的基本功能

装配单元是通过该单元的装配机械手机构将料仓内的黑色、白色或金属小圆柱工件嵌入到已加工的工件中,即完成一次自动装配过程。装配单元的实物图如图 8-5 所示。

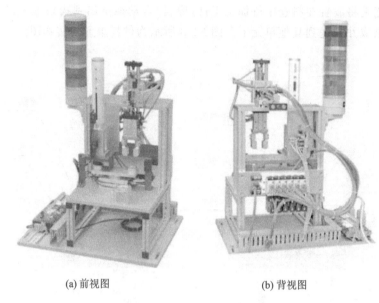

(a) 前视图　　　　　　　　　(b) 背视图

图 8-5　装配单元实物图

4. 分拣单元的基本功能

分拣单元将上一单元送来的已加工、装配的工件送入分拣传送带上,经过分拣区传感器的检测,将不同材质和颜色的工件分拣到不同的料槽中。图 8-6 所示为分拣单元实物图。

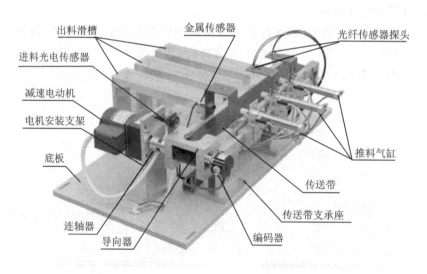

图 8-6　分拣单元实物图

5. 输送单元的基本功能

输送单元通过直线运动传动机构驱动抓取机械手装置到指定单元的物料台上精确定位,并在该物料台上抓取工件,把抓取到的工件输送到指定地点后放下,实现输送工件的功能。输送单元实物图如图8-7所示。

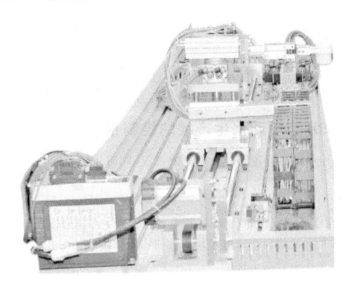

图8-7　输送单元实物图

8.2　YL-335B型生产线的控制系统

8.2.1　YL-335B型自动化生产线各工作单元的结构特点

YL-335B各工作单元的结构特点是机械装置和电气控制部分的相对分离。每一个工作单元机械装置整体安装在黄色底板上,而控制工作单元生产过程的PLC装置则安装在工作台两侧的抽屉箱上。工作单元机械装置与PLC装置之间的信息交换是通过接线端子模块实现的。

机械装置上的各电磁阀和传感器的引线均连接到装置侧的接线端口上,PLC的I/O引出线则连接到PLC侧的接线端口上。两个接线端口间通过多芯信号电缆互连。图8-8和图8-9所示分别是装置侧接线端口和PLC侧接线端口。

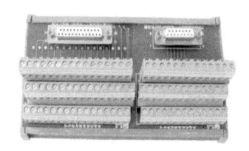 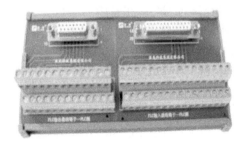

图8-8　装置侧接线端口　　　　　图8-9　PLC侧接线端口

① 装置侧接线端口的接线端子采用三层端子结构,上层端子用以连接DC 24 V电源的＋24 V端,底层端子用以连接DC 24 V电源的0V端,中间层端子用以连接电气元件的信

号线。

② PLC 侧接线端口的接线端子采用两层端子结构,上层端子用以连接电气元件的信号线,其端子号与装置侧接线端口的接线端子相对应;底层端子用以连接 DC 24 V 电源的 ＋24 V 端和 0 V 端。

装置侧接线端口和 PLC 侧接线端口之间通过专用电缆连接,其中 25 针接头电缆连接 PLC 的输入信号,15 针接头电缆连接 PLC 的输出信号。

8.2.2 YL‑335B 型自动化生产线的控制系统

YL‑335B 各工作单元都可自成一个独立的系统,同时也可以通过网络互联构成一个分布式的控制系统。

1. 指示器模块

① 当工作单元自成一个独立的系统时,其设备运行的主令信号以及运行过程中的状态显示信号来源于该工作单元的按钮指示灯模块。按钮指示灯模块如图 8‑10 所示。该模块上的指示灯和按钮的端脚全部引到端子排上。

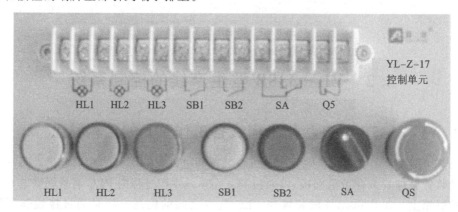

图 8‑10 按钮指示灯模块

该模块的器件包括:

② 指示灯(DC 24 V):黄色(HL1)、绿色(HL2)、红色(HL3)各一只。

主令器件:绿色常开按钮 SB1 一只,红色常开按钮 SB2 一只,选择开关 SA(一对转换触点),急停按钮 QS(一个常闭触点)。

③ 当各工作单元通过网络互联构成一个分布式的控制系统时,YL‑335B 的标准配置是采用 S7 协议的通信方式。

2. 各工作单元 PLC 的配置

① 输送单元:CPU ST40 DC/DC/DC 主机单元,共 24 点输入,16 点晶体管输出。

② 供料单元:CPU SR40 AC/DC/RLY 主机单元,共 24 点输入,16 点继电器输出。

③ 加工单元:CPU SR40 AC/DC/RLY 主机单元,共 24 点输入,16 点继电器输出。

④ 装配单元:CPU SR40 AC/DC/RLY 主机单元,共 24 点输入,16 点继电器输出。

⑤ 分拣单元:CPU SR40 AC/DC/RLY 主机单元,共 14 点输入,16 点继电器输出。

CPU SR40 AC/DC/RLY 型,其含义为交流(AC)输入电源,提供直流(DC)24 V 给外部元件(如传感器等),继电器方式输出,24 点输入,16 点输出。

CPU ST40 DC/DC/DC 型,其含义为直流 24 V 输入电源,提供直流 24 V 给外部元件(如传感器等),半导体元件直流方式输出,24 点输入,16 点输出。

8.2.3　人机界面

系统运行的主令信号(复位、启动、停止等)通过触摸屏人机界面给出,如图 8-11 所示。同时人机界面上也显示系统运行的各种状态信息。人机界面是在操作人员和机器设备之间作双向沟通的桥梁。使用人机界面能够明确指示并告知操作员机器设备目前的工作状况,使操作变得简单、直观、形象、生动,并且可以减少操作上的失误,即使是操作新手也可以很轻松地操作整个机器设备。使用人机界面还可以使机器的配线标准化、简单化,同时也能减少 PLC 控制器所需的 I/O 点数,降低生产成本;同时由于面板控制的小型化及高性能,相对地提高了整套设备的附加价值。YL-335B 采用了昆仑通态(MCGS)TPC7062Ti 触摸屏作为它的人机界面。TPC7062Ti 是一套以先进的 Cortex-A8 CPU 为核心(主频 600 MHz)的高性能嵌入式一体化触摸屏。该产品设计采用了 7in(英寸)高亮度 TFT 液晶显示屏(分辨率 800×480)。同时还预装了 MCGS 嵌入式组态软件(运行版),具备强大的图像显示和数据处理功能。

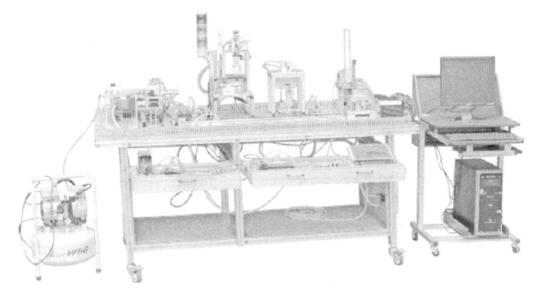

图 8-11　触摸屏人机界面

8.2.4　供电电源

外部供电电源为三相五线制 AC 380 V/220 V,如图 8-12 所示为供电电源模块一次回路原理图。总电源开关选用 DZ47LE-32/C32 型三相四线漏电开关。系统各主要负载通过断路器单独供电。其中,变频器电源通过 DZ47C16/3P 三相断路器供电;各工作单元 PLC 均采用 DZ47C5/1P 单相断路器供电。此外,系统配置 4 台 DC 24 V 6 A,开关稳压电源分别用作供料单元、加工单元、分拣单元及输送单元的直流电源。

配电箱设备安装图如图 8-13 所示。

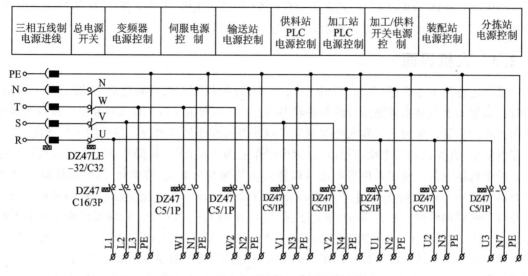

图 8-12 供电电源模块一次回路原理图

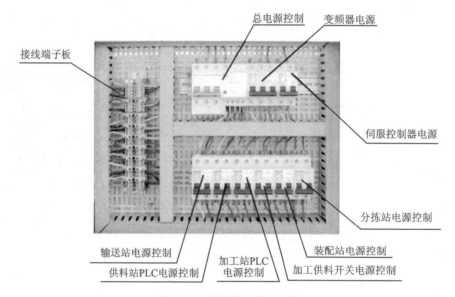

图 8-13 配电箱设备安装图

项目测评

选择题

(1) YL-335B 型自动化生产线设备中使用的 PLC 是(　　)。

A. 西门子 S7-200 系列 PLC 　　　　　　 B. 西门子 S7-300 系列 PLC

C. 西门子 S7-1200 系列 PLC 　　　　　　 D. 西门子 S7-200 SMART 系列 PLC

(2) 在 YL-335B 型自动化生产线设备上隔离开关的主要作用是(　　)。

A. 断开电流 　　　 B. 拉合线路 　　　 C. 隔断电源 　　　 D. 拉合空母线

（3）YL－335B 型自动化生产线设备上的（　　　），用于判断物体的运动位置、物体通过的状态、物体的颜色及材质等。

A. 传感器　　　　　　　B. 开关　　　　　　　C. 气缸　　　　　　　D. 电动机

（4）YL－335B 型自动化生产线设备中使用最多的执行机构是（　　　）。

A. 传感器　　　　　　　B. 电磁阀　　　　　　C. 三相异步电动机　D. 气缸

（5）YL－335B 型自动化生产线设备中有（　　　）个工作单元？

A. 3　　　　　　　　　　B. 4　　　　　　　　　C. 5　　　　　　　　　D. 6

项目九　供料单元的编程与调试

【知识目标】
➢ 掌握供料单元的结构和组成
➢ 掌握供料单元的工作过程
➢ 掌握供料单元电气控制线路的接线方法和步骤
➢ 掌握供料单元气动系统的连接、调试方法和步骤
➢ 掌握供料单元 PLC 程序的编程和调试方法

【能力目标】
➢ 能够准确叙述供料单元的功能及组成
➢ 能够绘制出供料单元的电气原理图
➢ 能够绘制出供料单元的气动原理图
➢ 能够完成供料单元电路和气动系统的安装及调试
➢ 能够完成供料单元的 PLC 控制系统设计、安装及调试

【素质目标】
➢ 养成良好的职业素养、严谨的工作作风和团结协作的双创精神

【项目描述】

供料单元是 YL-335B 设备的初始单元，在整个系统中，起着向系统中的其他单元提供原料的作用。其功能是将放置在料仓中待加工工件(原料)自动地推出到物料台上，以便输送单元的机械手将其抓取，输送到其他单元上。本项目中，主要学习供料单元的结构、工作过程、电路和气路分析以及 PLC 编程与调试等内容。

9.1　供料单元的结构与工作过程

9.1.1　供料单元的结构

供料单元的主要结构包括管形料仓、推料气缸、顶料气缸、磁感应接近开关、光电传感器(光电接近开关)、工件装料管、工件推出装置、支撑架、阀组、端子排组件、PLC、急停按钮和启动/停止按钮、走线槽、底板等。供料单元的主要结构组成如图 9-1 所示。其中管形料仓用于储存工件原料，顶料气缸用于顶住从下往上倒数第二个工件，推料气缸用于将料仓中最下层的工件推出到出料台上。

YL-335B 生产线
供料单元介绍

9.1.2　供料单元的工作过程

工件垂直叠放在管形料仓中，推料气缸处于料仓的底层，并且其活塞杆可从料仓的底部通过。当推料气缸活塞杆在退回位置时，它与最下层工件处于同一水平位置，而顶料气缸则与次

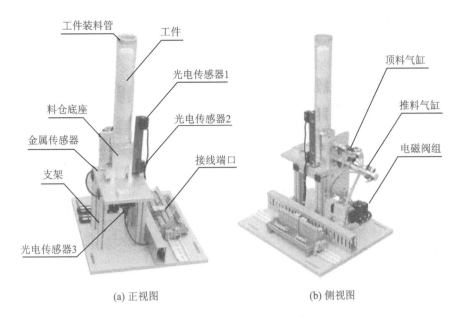

图 9 - 1　供料单元的结构组成

下层工件处于同一水平位置。若需要将工件推出到物料台上,首先使顶料气缸的活塞杆推出,顶住料仓底部次下层的工件。然后使推料气缸活塞杆推出,从而把最下层工件推到物料台上。在推料气缸返回并从料仓底部抽出后,再使顶料气缸缩回,松开次下层工件。这样,料仓中的工件在重力的作用下,就自动向下移动一个工件,为下一次推出工件做好准备。

在料仓底座和管形料仓第 4 层工件位置,分别安装一个漫射式光电接近开关。其功能是检测料仓中有无工件或工件是否充足。若该部分机构内没有工件,则处于底层和第 4 层位置的两个漫射式光电接近开关均处于 0 状态;若底层处光电接近开关 2(光电传感器 2)处于 1 状态,而第 4 层处光电接近开关处于 0 状态,表明工件已经快用完了,系统处于物料不足状态。这样,料仓中有无工件或工件是否充足,就可用这两个光电接近开关的信号状态来反馈。

推料气缸把工件推出到出料台上。出料台下面开有小圆孔和设有一个圆柱形漫射式光电接近开关 3(光电传感器 3),工作时向上发出光线,从而透过小孔检测是否有工件存在,以便向系统提供本单元出料台有无工件的信号。在输送单元的控制程序中,就可以利用该信号状态来判断是否需要驱动机械手装置来抓取此工件。

YL - 335B 生产线
供料单元单站运行

9.2　供料单元的电路和气路设计

9.2.1　供料单元的电路设计

本项目只考虑供料单元作为独立设备运行时的情况,供料单元工作的主令信号和工作状态显示信号来自 PLC 侧的按钮/指示灯模块。按钮/指示灯模块上的工作方式选择开关 SA应置于"单站方式"位置。

1. 具体的控制要求

① 设备上电和气源接通后,若供料单元的两个气缸均处于缩回位置,且料仓内有足够的待加工工件,则"正常工作"指示灯 HL1 常亮,表示设备准备好。否则,该指示灯以 1 Hz 的频率闪烁。

② 若设备准备好,按下启动按钮,供料单元启动,"设备运行"指示灯 HL2 常亮。启动后,若出料台上没有工件,则应把工件推到出料台上。出料台上的工件被人工取出后,若没有停止信号,则进行下一次推出工件操作。

③ 若在运行中按下停止按钮,则在完成本工作周期任务后,供料单元停止工作,HL2 指示灯熄灭。

④ 若在运行中料仓内工件不足,则供料单元继续工作,但"正常工作"指示灯 HL1 以 1 Hz 的频率闪烁,"设备运行"指示灯 HL2 保持常亮。若料仓内没有工件,则 HL1 指示灯和 HL2 指示灯均以 2 Hz 的频率闪烁。供料单元在完成本周期任务后停止。除非向料仓补充足够的工件,供料单元不能再启动。

2. 工作任务

① 规划 PLC 的 I/O 地址分配表。
② 进行系统电气部分安装接线。
③ 按照控制要求编制 PLC 程序。
④ 进行调试与运行。

3. PLC 的 I/O 地址分配

根据供料单的控制要求设计 PLC 的 I/O 信号分配,如表 9 - 1 所列。

表 9 - 1　供料单元 PLC 的 I/O 信号表

输入信号				输出信号			
序　号	PLC 输入点	信号名称	信号来源	序　号	PLC 输入点	信号名称	信号来源
1	I0.0	顶料到位检测		1	Q0.0	顶料电磁阀	
2	I0.1	顶料复位检测		2	Q0.1	推料电磁阀	
3	I0.2	推料到位检测		3	Q1.4	黄色指示灯	
4	I0.3	推料复位检测		4	Q1.5	绿色指示灯	
5	I0.4	物料台物料检测		5	Q1.6	红色指示灯	
6	I0.5	物料不够检测					
7	I0.6	物料有无检测					
8	I0.7	金属传感器检测					
9	I2.4	启动按钮					
10	I2.5	停止按钮					
11	I2.6	单机/全线					
12	I2.7	急停按钮					

根据供料单元控制要求,供料单元 PLC 选用 CPU SR40 AC/DC/RLY 主机单元,共 24 点输入和 10 点继电器输出。供料单元 PLC 电气原理图如图 9 - 2 所示。

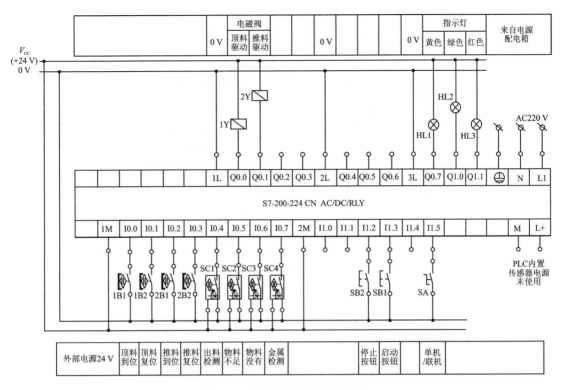

图 9 – 2 供料单元的电气原理图

9.2.2 供料单元的气路设计

1. 气动控制回路原理图

气动控制回路是供料单元的执行机构,该执行机构的控制逻辑与控制功能是由 PLC 实现的。供料单元气动控制回路的工作原理如图 9 – 3 所示。图中,1 A 和 2 A 分别为推料气缸和顶料气缸;1B1 和 1B2 为安装在推料气缸的两个极限工作位置的磁感应接近开关;2B1 和 2B2 为安装在顶料气缸的两个极限工作位置的磁感应接近开关;1Y1 和 2Y1 分别为控制推料气缸和顶料气缸的电磁换向阀的电磁控制端。通常这两个气缸的初始位置均在缩回状态。

YL – 335B 生产线
供料单元气路介绍

2. 气路部分的连接和调试

连接步骤:从汇流排开始,按图 9 – 3 所示的供料单元气动控制回路工作原理图连接电磁阀、气缸。连接时注意气管走向应按序排布,均匀美观,不能交叉、打折,气管要在快速接头中插紧,不能够有漏气现象。

气路调试包括:

① 用电磁阀上的手动换向加锁钮验证顶料气缸和推料气缸的初始位置和动作位置是否正确。

② 调整气缸节流阀以控制活塞杆的往复运动速度,伸出速度以不推倒工件为准。

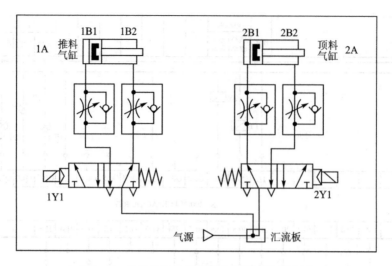

图 9 - 3　供料单元的气动控制回路工作原理图

9.3　供料单元的编程与调试

9.3.1　程序设计

1. 编程思路

① 程序包括一个主程序和两个子程序（一个是系统状态显示，另一个是供料控制）。

主程序在每一扫描周期都调用系统状态显示子程序，仅当在运行状态已经建立才可能调用供料控制子程序。

② PLC 上电后，应首先进入初始状态检查阶段，确认系统已经准备就绪后才允许投入运行，这样才能及时发现存在的问题，避免出现事故。例如，若两个气缸在上电和气源接入时不在初始位置，这是气路连接错误的缘故，显然在这种情况下不允许系统投入运行。

③ 供料单元运行的主要过程是供料控制，是一个步进顺序控制过程。

④ 如果没有停止要求，顺控过程将周而复始地不断循环，直到接收到停止指令后，系统在完成本工作周期任务即返回到初始步后才停止下来。

⑤ 当料仓中最后一个工件被推出后，将发生缺料报警。推料气缸复位到位，亦即完成本工作周期任务即返回到初始状态步后，也应停止下来。

2. 供料控制顺序功能图

供料控制主程序的顺序功能如图 9-4 所示。供料单元供料控制子程序顺序功能如图 9-5 所示。

3. 供料单元单站运行控制程序

供料单元单站运行部分主程序梯形如图 9-6 所示。供料控制子程序梯形如图 9-7 所示。

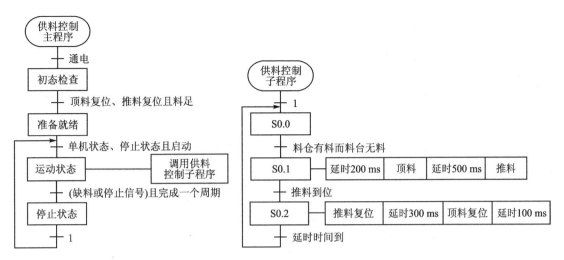

图 9-4 供料控制主程序顺序功能图　　图 9-5 供料单元供料控制子程序顺序功能图

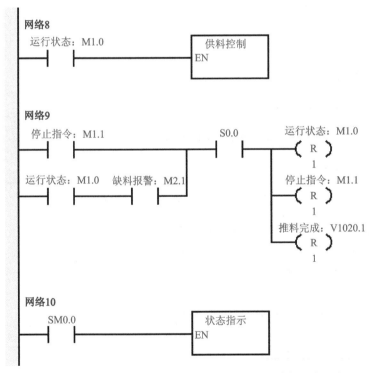

图 9-6　供料单元的部分主程序

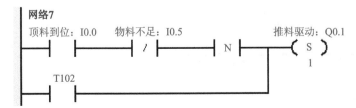

图 9-7　供料单元的部分供料子程序

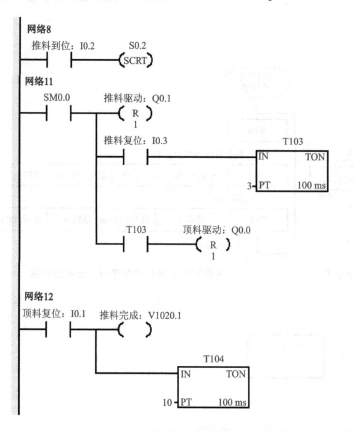

图 9 - 7　供料单元的部分供料子程序（续）

供料单元的部分指示灯子程序如图 9 - 8 所示。

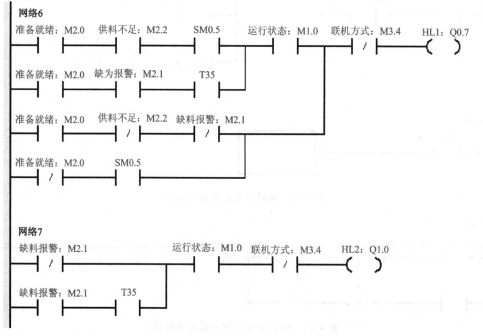

图 9 - 8　供料单元的部分指示灯子程序

9.3.2　调试与运行

① 调整气动部分,检查气路是否正确,气压是否合理、恰当,气缸的动作速度是否合适。

② 检查磁性开关的安装位置是否到位,磁性开关工作是否正常。

③ 检查 I/O 接线是否正确。

④ 检查光电接近开关安装是否合理,灵敏度是否合适,以保证检测的可靠性。

⑤ 放入工件,运行程序,观察供料单元动作是否满足任务要求。

⑥ 调试各种可能出现的情况,比如在任何情况下都有可能加入工件,系统都要能可靠工作。

⑦ 优化程序。

9.3.3　问题与思考

① 总结与学会检查气动连线、传感器接线、I/O 检测及故障排除方法。

② 如果在加工过程中出现意外情况,应如何处理?

③ 如果采用网络控制,应如何实现?

④ 思考供料单元可能会出现的各种问题。

项目测评

选择题

(1) 供料单元用的是(　　)的单电控电磁阀。

A. 二位五通　　　　B. 二位三通　　　　C. 三位五通　　　　D. 三位四通

(2) 供料单元使用了(　　)个气缸?

A. 1　　　　　　　　B. 2　　　　　　　　C. 3　　　　　　　　D. 4

(3) 供料单元的执行气缸都是(　　)气缸。

A. 双作用　　　　　B. 单作用　　　　　C. 无杆　　　　　　D. 回转

(4) 在光电传感器中,接电源正极的是(　　)的线。

A. 黑色　　　　　　B. 蓝色　　　　　　C. 棕色　　　　　　D. 黄色

(5) 供料单元开始供料时,气缸的动作顺序是(　　)。

A. 顶料气缸　推料气缸　　　　　　　　B. 推料气缸　顶料气缸

C. 放料气缸　推料气缸　　　　　　　　D. 推料气缸　放料气缸

项目十　加工单元的编程与调试

【知识目标】

➤ 掌握加工单元的结构和组成

➤ 掌握加工单元的工作过程

➤ 掌握加工单元电气控制线路的接线方法和步骤

➤ 掌握加工单元气动系统的连接、调试方法和步骤

➤ 掌握加工单元 PLC 程序的编程和调试方法

【能力目标】

➤ 能够准确叙述加工单元的功能及组成

➤ 能够绘制出加工单元的电气原理图

➤ 能够绘制出加工单元的气动原理图

➤ 能够完成加工单元电路和气动系统的安装及调试

➤ 能够完成加工单元的 PLC 控制系统设计、安装及调试

【素质目标】

➤ 养成良好的职业素养、严谨的工作作风和团结协作的双创精神

【项目描述】

加工单元的功能是把待加工工件从物料台处移动到冲压机构正下方,完成对待加工工件的冲压加工操作,然后把加工好的工件重新送回到物料台处,即完成一次加工工作过程。

10.1　加工单元的结构与工作过程

10.1.1　加工单元的结构

加工单元装置侧主要结构包括加工台及滑动机构,冲压机构、电磁阀组、接线端和底板等。加工单元的机械结构总成如图 10-1 所示。

YL-335B 生产线加工单元介绍

1. 加工台及滑动机构

加工台及滑动机构如图 10-2 所示。加工台用于固定被加工工件,并把工件移到冲压机构正下方进行冲压加工。它主要由气动手爪、气动手指、加工台伸缩气缸、滑动导轨和滑块等机构组成。

2. 冲压机构

冲压机构的结构如图 10-3 所示,用于对工件进行冲压加工。它主要由薄型气缸(冲压气缸)、冲压头、安装板等组成。冲压头根据工件的要求对工件进行冲压加工,冲头安装在冲压缸头部。安装板用于安装冲压缸,对冲压气缸进行固定。当工件到达冲压位置时,即加工台伸缩气缸活塞杆缩回到位,冲压气缸伸出对工件进行冲压加工,完成加工动作后冲压气缸缩回,为下一次冲压做准备。

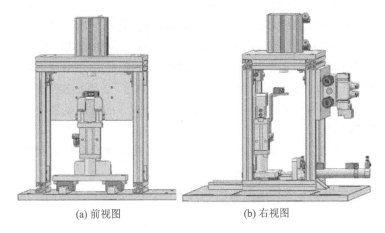

　　(a) 前视图　　　　　　　　　　(b) 右视图

图 10 - 1　加工单元的机械结构总成

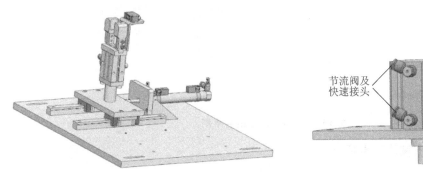

图 10 - 2　加工台及滑动机构

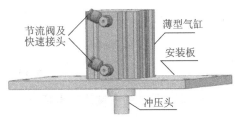

图 10 - 3　冲压机构的结构

3. 直线导轨

(1) 直线导轨的概念

　　直线导轨又称线轨、滑轨、线性导轨、线性滑轨,用于直线往复运动场合,且可以承担一定的转矩,可在高负载的情况下实现高精度的直线运动。其作用是用来支撑和引导运动部件,按给定的方向做往复直线运动。按摩擦性质而定,直线运动导轨可以分为滑动摩擦导轨、滚动摩擦导轨、弹性摩擦导轨和流体摩擦导轨等种类。

(2) 直线导轨的作用

　　直线导轨主要是用在精度要求比较高的机械结构上,直线导轨的移动元件和固定元件之间不用中间介质,而用滚动钢球。它由钢珠在滑块与导轨之间做无限滚动循环,使得负载平台能沿着导轨以高精度做线性运动,其摩擦系数可降至传统滑动导轨的 1/50,使之能够达到很高的定位精度。

(3) 直线导轨的结构

　　直线导轨系统包括两部分:导轨与滑块。

　　导轨是固定部件,其基本功能如同轴承环,安装钢球的支架,形状为“V”字形。支架包裹着导轨的顶部和两侧面。为了支撑机床的工作部件,一套直线导轨至少有 4 个支架。用于支撑大型的工作部件,支架的数量可以多于 4 个。

滑块是工作部件,使运动由曲线转变为直线。机床的工作部件移动时,钢球就在支架沟槽中循环流动,把支架的磨损量分摊到各个钢球上,从而延长直线导轨的使用寿命。为了消除支架与导轨之间的间隙,预加负载能提高导轨系统的稳定性。预加负载是通过在导轨和支架之间安装超尺寸的钢球而获得。工作时间过长,钢球就会磨损,作用在钢球上的预加负载开始减弱,导致机床工作部件运动降低精度。如果要保持初始精度,必须更换导轨支架,甚至更换导轨。如果导轨系统已有预加负载作用,系统精度已丧失,唯一的方法是更换滚动元件。

(4) 直线导轨的分类

直线导轨和滑块组成直线导轨副。直线导轨副通常按照滚珠在导轨和滑块之间的接触牙型进行分类,主要有两列式和四列式两种。

YL-335B上均选用普通级精度的两列式直线导轨,其接触角在运动中能保持不变,刚性也比较稳定。图10-4(a)所示为导轨的截面示意图,图10-4(b)所示为装配好的直线导轨副。

(a) 直线导轨副截面图   (b) 装配好的直线导轨副

图10-4 两列式直线导轨副

(5) 直线导轨的安装注意事项

① 要小心轻拿轻放,避免磕碰以影响导轨副的直线精度。

② 不要将滑块拆离导轨或超过行程又推回去。

③ 加工单元移动料台滑动机构由两个直线导轨副安装构成,安装滑动机构时要注意调整两直线导轨的平行。

10.1.2 加工单元的工作过程

加工台在系统正常工作后的初始状态为伸缩气缸伸出,加工台气动手指持张开的状态。当输送单元把物料送到加工台上,物料检测传感器检测到工件后,PLC控制程序并驱动气动手指将工件夹紧→加工台缩回至加工区域冲压气缸下方→冲压气缸活塞杆向下伸出冲压工件→完成冲压动作后冲压气缸向上缩回→加工台重新伸出→到位后气动手指松开。按照此顺序完成工件加工工序,并向系统发出加工完成信号,为下一次工件加工做准备。

YL-335B生产线
加工单元单站运行

10.2 加工单元的电路和气路设计

10.2.1 加工单元的电路设计

只考虑作为独立设备运行时的情况,加工单元的按钮/指示灯模块上的工作方式选择开关应置于"单站方式"位置。

1. 具体的控制要求

① 初始状态:设备上电和气源接通后,滑动加工台伸缩气缸处于伸出位置,加工台气动手爪处于松开的状态,冲压气缸处于缩回位置,急停按钮没有按下。若设备在上述初始状态,则"正常工作"指示灯 HL1 常亮,表示设备已准备好;否则该指示灯以 1 Hz 的频率闪烁。

② 若设备已准备好,按下启动按钮,设备启动,"设备运行"指示灯 HL2 常亮。当待加工工件送到加工台上并被检出后,设备将工件夹紧,送往加工区域冲压,完成冲压动作后返回初始位置的工件加工工序。

③ 如果没有停止信号输入,当再有待加工工件送到加工台上时,加工单元又开始下一周期工作。

④ 在工作过程中,若按下停止按钮,加工单元在完成本周期的动作后停止工作,HL2 指示灯熄灭。

2. 工作任务

① 规划 PLC 的 I/O 分配表。

② 进行系统电气部分安装接线。

③ 按照控制要求编制 PLC 程序。

④ 进行调试与运行。

3. PLC 的 I/O 地址分配

根据加工单元的控制要求设计 PLC 的 I/O 信号分配,分配如表 10 - 1 所列。

表 10 - 1　加工单元 PLC 的 I/O 信号表

输入信号			输出信号		
序　号	PLC 输入点	信号名称	序　　号	PLC 输入点	信号名称
1	I0.0	物料台物料检测	1	Q0.0	夹紧电磁阀
2	I0.1	料台夹紧检测	2	Q0.2	料台伸缩电磁阀
3	I0.2	料台伸出到位检测	3	Q0.3	加工压头电磁阀
4	I0.3	料台缩回到位检测	4	Q1.4	黄色指示灯
5	I0.4	加工压头上限检测	5	Q1.5	绿色指示灯
6	I0.5	加工压头下限检测	6	Q1.6	红色指示灯
7	I2.4	启动按钮			
8	I2.5	停止按钮			
9	I2.6	单机/全线			
10	I2.7	急停按钮			

加工单元 PLC 选用 CPU SR40 AC/DC/RLY 主机单元,共 24 点输入和 10 点继电器输出。加工单元 PLC 电气原理图如图 10 - 5 所示。

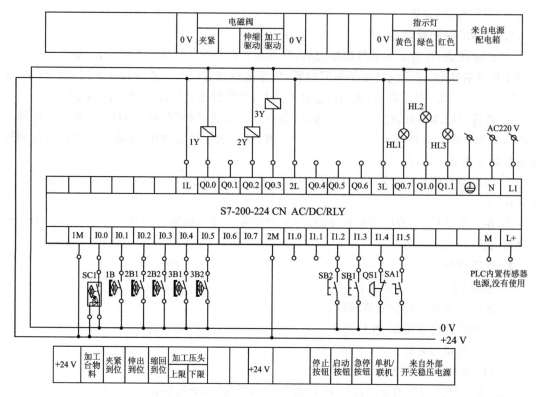

图 10-5　电气原理图

10.2.2　加工单元的气路设计

1. 加工单元的结构和组成

加工单元的气动控制元件均采用单电控二位五通电磁换向阀,各电磁阀均带有手动换向和加锁钮。将它们集中安装成阀组固定在冲压支撑架后面。加工单元气动控制回路的工作原理如图 10-6 所示。1B1 和 1B2 为安装在冲压气缸的两个极限工作位置的磁感应接近开关,2B1 和 2B2 为安装在料台伸缩气缸的两个极限工作位置的磁感应接近开关,3B1 为安装在物料夹紧气缸工作位置的磁感应接近开关。1Y1、2Y1 和 3Y1 分别为控制冲压气缸、料台伸缩气缸和物料夹紧气缸的电磁阀的电磁控制端。

YL-335B 生产线
加工单元气路介绍

2. 气路部分的连接和调试

连接步骤:从汇流排开始,按图 10-6 所示的加工单元气动控制回路工作原理图连接电磁阀、气缸。连接时注意气管走向应按序排布,做到均匀美观,不能交叉、打折,气管要在快速接头中插紧,不能够有漏气现象。

气路调试包括:

① 用电磁阀上的手动换向加锁钮验证冲压气缸、加工台伸缩气缸和手爪气缸的初始位置和动作位置是否正确。

② 调整气缸节流阀以控制活塞杆的往复运动速度,伸出速度以不推倒工件为准。

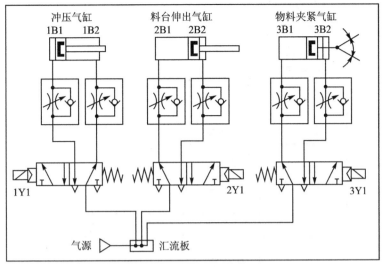

图 10 - 6　气动控制回路原理图

10.3　加工单元的编程与调试

10.3.1　程序设计

1. 编程思路

加工单元主程序流程与供料单元类似,当 PLC 上电后应首先进入初始状态自检阶段,确认系统已经准备就绪后,才允许接收启动信号并投入运行。加工单元主程序顺序功能流程图如图 10 - 7 所示。

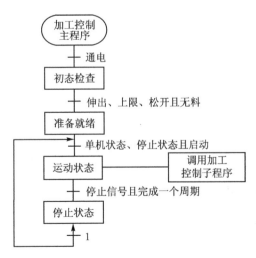

图 10 - 7　加工主程序顺序功能流程图

加工单元加工控制的子程序也是一个顺序控制,其顺序功能流程如图 10 - 8 所示。从顺序功能流程图可以看到,当一个加工周期结束,只有加工好的工件被取走后,程序才能返回初始步,这就避免了重复加工的可能。

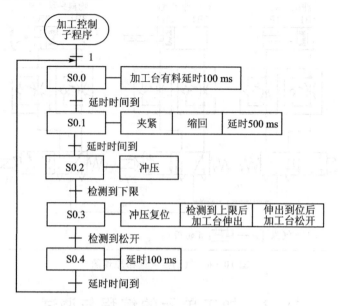

图 10 - 8 加工单元加工过程顺序功能图

2. 控制程序

加工单元主程序梯形图如图 10 - 9 所示。加工控制子程序梯形图如图 10 - 10 所示。

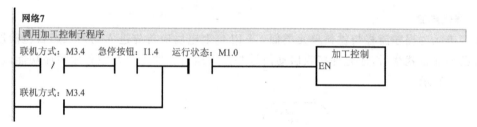

图 10 - 9 加工单元主程序

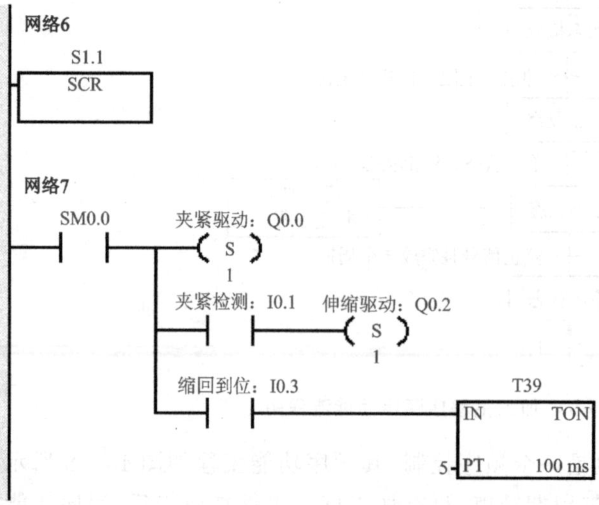

图 10 - 10 加工单元加工子程序梯形图

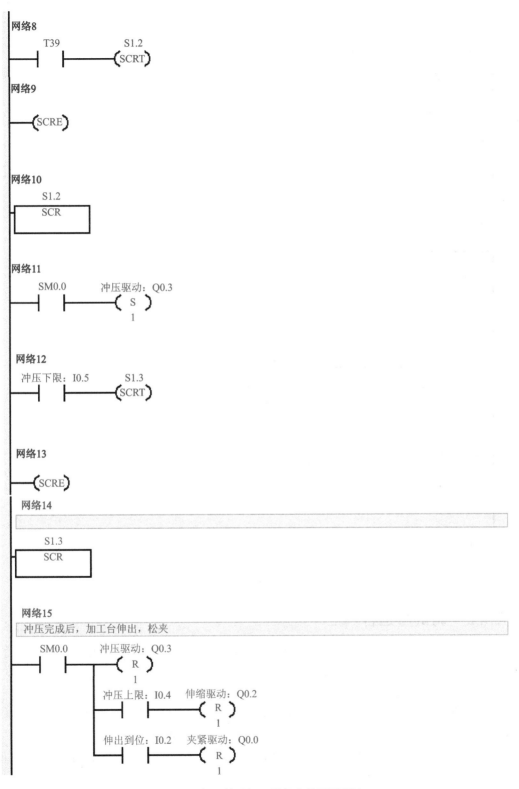

图 10-10 加工单元加工子程序梯形图(续)

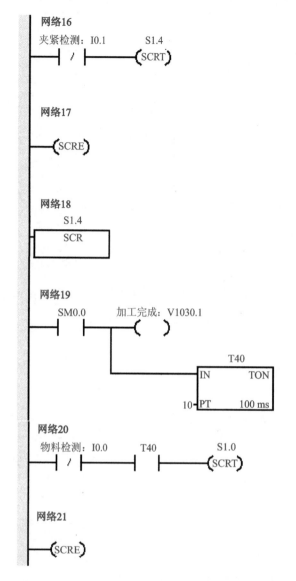

图 10 - 10　加工单元加工子程序梯形图(续)

10.3.2　调试与运行

① 调整气动部分,检查气路是否正确,气压是否合理、恰当,气缸的动作速度是否合适。

② 检查磁性开关的安装位置是否到位,磁性开关工作是否正常。

③ 检查 I/O 接线是否正确。

④ 检查光电接近开关安装是否合理,灵敏度是否合适,这样可以保证检测的可靠性。

⑤ 放入工件,运行程序,观察加工单元动作是否满足任务要求。

⑥ 调试各种可能出现的情况,比如在任何情况下都有可能加入工件,系统都要能可靠工作。

⑦ 优化程序。

10.3.3　问题与思考

① 总结与学会检查气动连线、传感器接线、I/O检测及故障排除方法。

② 如果在加工过程中出现意外情况,应如何处理?

③ 如果采用网络控制,应如何实现?

④ 思考加工单元各种可能会出现的问题。

项目测评

选择题

(1) 加工单元中移动料台伸出和返回到位的位置是通过(　　)来定位的。

A. 光电传感器　　　　B. 光纤传感器　　　　C. 颜色传感器　　　　D. 磁性开关

(2) 加工单元装置侧结构包括(　　)及滑动机构、冲压机构、电磁阀组、接线端口、底板等。

A. 加工台　　　　　　B. 料仓　　　　　　　C. 供料装置　　　　　D. 分拣装置

(3) 加工单元加工台下的光电传感器的输出信号送到(　　),用以判别加工台上是否有工件需要加工。

A. PLC的输出端　　　B. PLC的输入端　　　C. 电磁阀　　　　　　D. 气缸

(4) 直线导轨系统包括两部分:固定元件(　　),工作部件(　　)。

A. 导轨,滑块　　　　B. 导轨,滚动轴承　　C. 滑块,导轨　　　　D. 轴承,导轨

(5) 加工单元工作时,三个气缸的动作顺序是(　　)。

A. 滑动加工台伸缩气缸,加工台气动手爪,冲压气缸

B. 加工台气动手爪,滑动加工台伸缩气缸,冲压气缸

C. 冲压气缸,滑动加工台伸缩气缸,加工台气动手爪

D. 加工台气动手爪,冲压气缸,滑动加工台伸缩气缸

项目十一　装配单元的编程与调试

【知识目标】
➤ 掌握装配单元的结构和组成
➤ 掌握装配单元的工作过程
➤ 掌握装配单元电气控制线路的接线方法和步骤
➤ 掌握装配单元气动系统的连接、调试方法和步骤
➤ 掌握装配单元 PLC 程序的编程和调试方法

【能力目标】
➤ 能够准确叙述装配单元的功能及组成
➤ 能够绘制出装配单元的电气原理图
➤ 能够绘制出装配单元的气动原理图
➤ 能够完成装配单元电路和气动系统的安装及调试
➤ 能够完成装配单元的 PLC 控制系统设计、安装及调试

【素质目标】
➤ 养成良好的职业素养、严谨的工作作风和团结协作的双创精神

【项目描述】
　　装配单元的功能是完成将该单元料仓内的小圆柱工件嵌入到装配台料斗的待装配工件中的装配过程。装配单元除了可以独立工作外,还可以协同其他工作单元联动,配合自动化生产线整体联机运行。本项目主要学习装配机械手的控制及小工件的供料控制。

11.1　装配单元的结构与工作过程

11.1.1　装配单元的结构

　　装配单元的结构组成包括:管形料仓、供料机构、回转物料台、装配机械手、装配台料斗、气动系统和其阀组、信号采集及其自动控制系统,以及用于电气连接的端子排组件、整条生产线指示状态的警示灯和用于其他机构安装/铝型材支架及底板、传感器安装支架等其他附件。装配单元机械装配如图 11-1 所示。

YL-335B 生产线
装配单元介绍

1. 管形料仓

　　管形料仓用来存储装配用的小圆柱工件。它由塑料圆管和中空底座构成。塑料圆管顶端放置加强金属环,以防止破损。小工件竖直放入料仓的空心圆管内,由于两者之间有一定的间隙,使其能在重力作用下自由下落。以防在料仓供料不足和缺料时发生报警,在塑料圆管底部和底座处分别安装了两个漫反射光电接近开关,并在料仓塑料圆柱上纵向铣槽,使光电接近开关的红外光斑能够可靠照射到被检测的物料上。光电接近开关的灵敏度调整应以能检测到黑

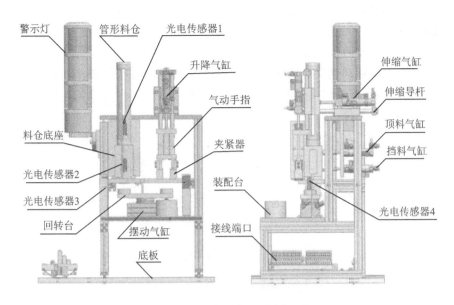

图 11-1　装配单元机械装配图

色物料为准则。

2. 落料机构

落料机构剖视如图 11-2 所示。料仓底座的背面安装了两个直线气缸,上面的气缸称为顶料气缸,下面的气缸称为挡料气缸。系统气源接通后,顶料气缸的初始位置处在缩回状态,挡料气缸的初始位置处在伸出状态。这样,当从料仓上面放下工件时,工件将被挡料气缸活塞杆终端的挡块阻挡而不能落下。需要进行落料操作时,首先使顶料气缸伸出,把次下层的工件夹紧,然后挡料气缸缩回,工件掉入回转物料台的料盘中。当挡料气缸复位伸出,顶料气缸缩

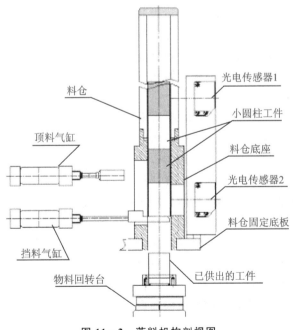

图 11-2　落料机构剖视图

回,次下层工件跌落到挡料气缸终端的挡块上,为再一次供料做准备。

3. 回转物料台

该机构由摆动气缸和两个料盘组成,摆动气缸能驱动料盘旋转180°,从而实现把从供料机构落下到料盘的工件移动到装配机械手正下方的功能,回转物料台的结构如图11-3所示。图中的光电传感器(接近开关)1和光电传感器(接近开关)2分别用来检测左侧料盘1和右侧料盘2中是否有小圆柱工件。

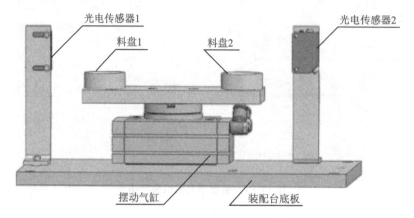

图 11-3 回转物料台的结构

4. 装配机械手

装配机械手的整体外形如图11-4所示。装配机械手装置是一个三维运动的机构,它由水平方向移动和竖直方向移动的两个导向气缸和气动手指组成。

装配机械手是整个装配单元的核心。当装配机械手正下方的回转物料台右料盘上有小圆柱工件,且装配台侧面的光纤传感器检测到装配台上有待装配工件的情况下,机械手从初始状态开始执行装配操作过程。

PLC驱动与竖直移动气缸相连的电磁换向阀动作,由竖直移动的导向气缸驱动气动手指向下移动,到位后,气动手指驱动手爪夹紧物料,并将夹紧信号通过磁性开关传送给PLC,在PLC控

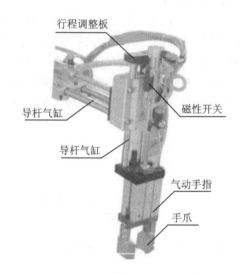

图 11-4 装配机械手的整体外形

制下,竖直移动气缸复位,被夹紧的物料随气动手指一并提起,离开右侧料盘,提升到上限位置后,水平移动气缸在与之对应的电磁换向阀的驱动下,活塞杆伸出,移动到前限位置后,竖直移动气缸再次被驱动下移,移动到下限位位置,气动手指松开,经短暂延时,竖直移动气缸和水平移动气缸缩回,机械手恢复初始状态。在整个机械机构动作过程中,除气动手指松开到位无传感器检测外,其余动作的到位信号检测均采用与气缸配套的磁性开关,将采集到的信号反馈给PLC为输入信号,由PLC输出信号驱动电磁换向阀动作,使由气缸及气动手指组成的机械手按程序自动运行。

5. 装配台料斗

输送单元运送来的待装配工件直接放置到该机构的料斗定位孔中,由定位孔与工件之间的较小的间隙配合实现定位,从而完成准确的装配动作和定位精度。装配台料斗如图 11 - 5 所示。为了确定装配台料斗内是否放置了待装配工件,使用了光纤传感器进行检测。料斗的侧面开了一个 M6 的螺孔,光纤传感器的光纤探头就固定在螺孔内。

6. 警示灯

装配单元上安装有红、橙、绿三色警示灯,它是作为整个系统警示用的。警示灯有 5 根引出线:黄绿双色线(地线)、红色线(红色灯控制线)、黄色线(橙色灯控制线)、绿色线(绿色灯控制线)和黑色线(信号灯公共控制线)。警示灯及其接线如图 11 - 6 所示。

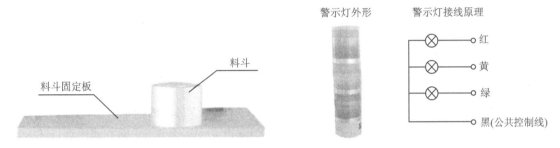

图 11 - 5 装配台料斗　　　　　　　　图 11 - 6 警示灯及其接线

11.1.2 装配单元的工作过程

装配单元各气缸的初始位置使挡料气缸处于伸出状态,顶料气缸处于缩回状态,料仓上已经有足够多的小圆柱工件,装配机械手的升降气缸处于提升状态,伸缩气缸处于缩回状态,气爪处于松开状态。

若设备已准备好,按下启动按钮,装配单元启动,如果回转台上的左侧料盘内没有小圆柱工件,就执行下降操作,如果左料盘内有工件,而右料盘内没有工件,就执行回转台回转操作。

需要进行落料操作时,首先使顶料气缸伸出,把次下层的工件夹紧,然后挡料气缸缩回,工件掉入回转物料台的料盘中。之后挡料气缸复位伸出,顶料气缸缩回,次下层工件跌落到挡料气缸终端的挡块上,为下一次供料做准备。

如果回转台上的右料盘内有小圆柱工件且装配台上有待装配工件,执行装配机械手抓取小圆柱工件并放入待装配工件中的操作。装配机械手的动作过程是:下降→夹紧→上升→伸出→下降→放松→上升→缩回。完成装配任务后,装配机械手应返回初始位置,等待下一次装配动作。

YL－335B 生产线
装配单元单站运行

11.2 装配单元的电路和气路设计

11.2.1 装配单元的电路设计

只考虑作为独立设备运行时的情况,装配单元的按钮/指示灯模块上的工作方式选择开关应置于"单站方式"位置。

1. 具体的控制要求

① 装配单元各气缸的初始位置是挡料气缸处于伸出状态,顶料气缸处于缩回状态,料仓上已经有足够多的小圆柱工件;装配机械手的升降气缸处于提升状态,伸缩气缸处于缩回状态;气爪处于松开状态;设备上电和气源接通后,若各气缸满足初始位置要求,且料仓上已经有足够多的小圆柱工件且工件装配台上没有待装配工件,则"正常工作"指示灯 HL1 常亮,表示设备已准备好;否则,该指示灯以 1 Hz 的频率闪烁。

② 供料过程,若设备已准备好,按下启动按钮,装配单元启动,"设备运行"指示灯 HL2 常亮。如果回转台上的左侧料盘内没有小圆柱工件,就执行下料操作;如果左侧料盘内有零件,而右侧料盘内没有零件,就执行回转台回转操作。

③ 装配过程:如果回转台上的右侧料盘内有小圆柱工件且装配台上有待装配工件,执行装配机械手抓取小圆柱工件并放入待装配工件中的操作。

④ 返回:完成装配任务后,装配机械手应返回初始位置,等待下一次装配。

⑤ 系统停止:若在运行过程中按下停止按钮,则供料机构应立即停止供料,在装配条件满足的情况下,装配单元在完成本次装配后停止工作。

⑥ 报警:在运行中发生"工件不足"报警时,指示灯 HL3 以 1Hz 的频率闪烁,HL1 和 HL2灯常亮;在运行中发生"零件没有"报警时,指示灯 HL3 以亮 1 s、灭 0.5 s 的方式闪烁,HL2 熄灭,HL1 常亮。

2. 工作任务

① 规划 PLC 的 I/O 分配表。

② 进行系统电气部分安装接线。

③ 按照控制要求编制 PLC 程序。

④ 进行调试与运行。

3. PLC 的 I/O 地址分配

根据装配单元的控制要求设计,PLC 的 I/O 地址分配如表 11 - 1 所列。

表 11 - 1 装配单元的 I/O 地址分配

输入信号				输出信号			
序 号	PLC 输入点	信号名称	信号来源	序 号	PLC 输入点	信号名称	信号来源
1	I0.0	物料不足检测		1	Q0.0	夹紧电磁阀	
2	I0.1	物料有无检测		2	Q0.2	料台伸缩电磁阀	
3	I0.2	物料左检测		3	Q0.3	加工压头电磁阀	
4	I0.3	物料右检测		4	Q1.4	黄色指示灯	
5	I0.4	物料台检测		5	Q1.5	绿色指示灯	
6	I0.5	顶料到位检测		6	Q1.6	红色指示灯	
7	I0.6	顶料复位检测					
8	I0.7	挡料状态检测					
9	I1.0	落料状态检测					
10	I1.1	旋转缸左限位检测					
11	I1.2	旋转缸右限位检测					

输入信号				输出信号			
序　号	PLC 输入点	信号名称	信号来源	序　号	PLC 输入点	信号名称	信号来源
12	I1.3	手爪夹紧检测					
13	I1.4	手爪下降到位检测					
14	I1.5	手爪上升到位检测					
15	I1.6	手爪缩回到位检测					
16	I1.7	手爪伸出到位检测					
17	I2.4	启动按钮					
18	I2.5	停止按钮					
19	I2.6	单机/全线					
20	I2.7	急停按钮					

因工作任务的要求,装配单元 PLC 选用 CPU SR40 AC/DC/RLY 主机,共 24 点输入和 10 点继电器输出。装配单元 PLC 电气原理如图 11-7 所示。

11.2.2　装配单元的气路设计

1. 气动系统的组成

装配单元的气动系统主要包括气源、气动汇流板、直线气缸、摆动气缸,气动手指、单电控换向阀、单向节流阀、消声器、快插接头、气管等,其主要作用是完成推料、挡料、回转、机械手抓取和装配工件送取到位等。

装配单元的气动执行元件由 4 个双作用气缸、1 个摆动气缸和 1 个手指气缸组成,其中,1B1、1B2 为安装在顶料气缸上的 2 个位置检测传感器(磁性开关);2B1、2B2 为安装在挡料气缸上的 2 个位置检测传感器(磁性开关);3B1、3B2 为安装在手爪伸出气缸 2 个位置检测传感器(磁性开关);4B1、4B2 为安装在手爪提升气缸上的 2 个位置检测感器(磁性开关);5B1、5B2 为安装在摆动气缸上的 2 个位置检测传感器(磁性开关);6B2 为安装在手指气缸上的 1 个位置检测传感器(磁性开关)。单向流阀用于气缸、摆动气缸和气动手指的调速,气动汇流板用于组装单电控换向阀及附件。

YL-335B生产线装配单元气路介绍

2. 气路控制原理图

装配单元的气路控制原理如图 11-8 所示,图中,气源经汇流板分给 6 个换向阀的进气口,气缸 1A、2A、3A、4A、5A、6A 的两个工作口与电磁阀工作口之间均安装了单向节流阀,通过尾端节流阀来调整对应气动执行元件的工作速度。排气口安装的消声器可减小排气的噪声。

3. 气动元件的连接方法

① 单向节流阀应分别安装在气缸的工作口上,并缠绕好密封带,以免运行时漏气。

② 单电控换向阀的进气口和工作口应安装好快插接头,并缠绕好密封带,以免运行时漏气。

③ 汇流板的排气口应安装好消声器,并缠绕好密封带,以免运行时漏气。

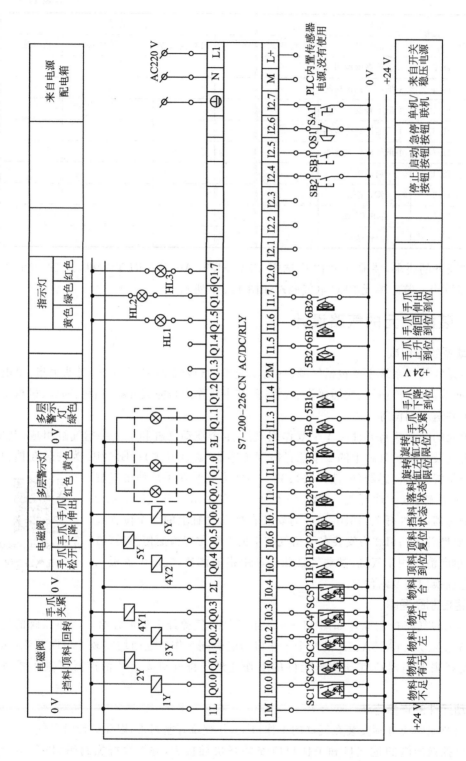

图11－7 装配单元PLC电气原理图

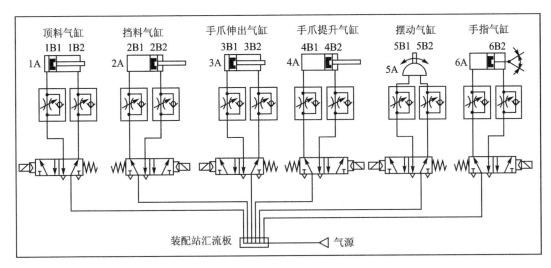

图 11 - 8　气路控制原理图

④ 气动元件对应的气口之间用塑料气管进行连接,做到安装美观,气管不交叉并保证气路畅通。

4. 气路系统的调试方法

装配单元气路系统的调试主要是针对气动执行元件的运行情况进行的,其调试方法是通过手动控制单向换向阀,观察各气动执行元件的动作情况,气动执行元件运行过程中检查各管路的连接处是否有漏气现象,是否存在气管不畅通现象。同时,通过对各单向节流阀的调整来获得稳定的气动执行元件运行速度。

11.3　装配单元的编程与调试

11.3.1　程序设计

进入运行状态后,装配单元的工作过程包括两个相互独立的子过程:一个是落料过程,另一个是装配过程。落料过程就是通过供料机构的操作,使料仓中的小圆柱工件落下到左侧料盘上;然后摆动气缸转动,使装有零件的料盘转移到右侧,以便装配机械手抓取零件。装配过程是当装配台上有待装配工件,且装配机械手下方有小圆柱工件时,进行装配操作。

停止运行有两种情况:一是在运行中按下停止按钮,停止指令被置位;另一种情况是当料仓中最后一个零件落下时,检测物料有无的传感器动作,将发出缺料报警。

① 对于供料过程的落料控制,上述两种情况均应在料仓关闭、顶料气缸复位到位,即返回到初始步后停止下次落料,并复位落料初始步。

② 对于摆动气缸转动控制,一旦发出停止指令,则应立即停止摆动气缸转动。对于装配控制,上述两种情况也应在一次装配完成,装配机械手返回到初始位置后停止。

③ 仅当落料机构和装配机械手均返回到初始位置,才能复位运行状态标志和停止指令。停止运行的操作应在主程序中编制。

1. 主程序设计

在主程序中,当初始状态检查结束,确认装配单元准备就绪,按下启动按钮进入运行状态后,应同时调用落料控制和装配控制两个子程序,主程序顺序功能流程图如图 11-9 所示。

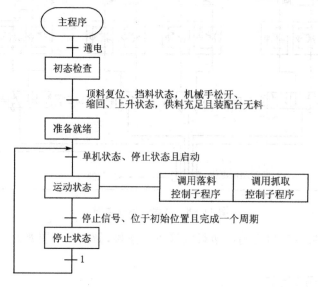

图 11-9 装配单元主程序顺序控制功能图

2. 供料控制子程序设计

供料控制过程包含两个互相联锁的过程,即落料过程和摆动气缸转动使料盘转移的过程。在小圆柱工件从料仓下落到左侧料盘的过程中,禁止摆动气缸转动;反之在摆动气缸转动过程中,禁止打开料仓(挡料气缸缩回)落料。解决的办法是这两个过程要实现联锁。实现联锁的方法是:

① 当摆动气缸的左限位或右限位磁性开关动作并且左侧料盘没有料,经定时确认后,开始落料过程。

② 当挡料气缸伸出到位使料仓关闭、左侧料盘有物料而右侧料盘为空,经定时确认后,开始摆动气缸转动,直到达到限位位置。

装配单元的子程序顺序功能流程图如图 11-10 所示。

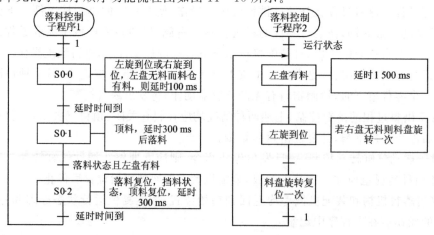

图 11-10 装配单元落料控制子程序顺序控制功能图

3. 装配单元单站运行控制程序

装配单元单站运行部分主程序如图 11-11 所示。装配单元的部分落料控制子程序如图 11-12 所示。装配单元的部分抓取控制子程序如图 11-13 所示。装配单元的部分指示灯控制子程序如图 11-14 所示。

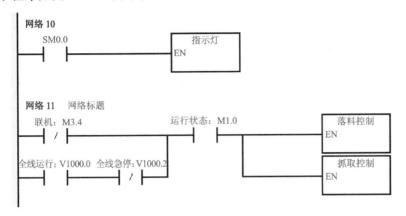

图 11-11　装配单元的部分主程序

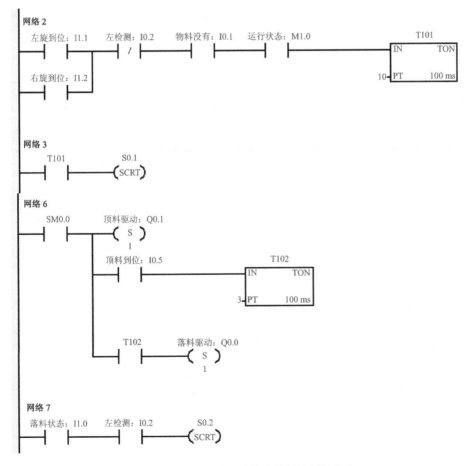

图 11-12　装配单元的部分落料控制子程序

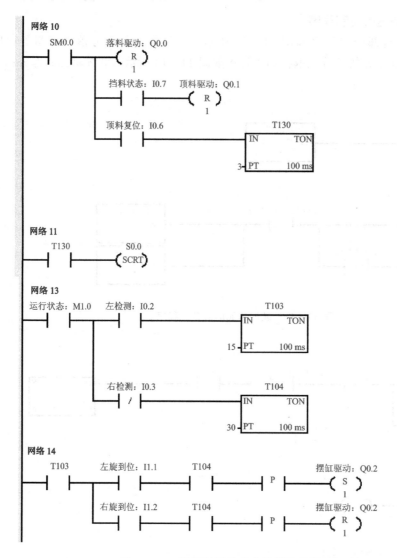

图 11 - 12　装配单元的部分落料控制子程序 (续)

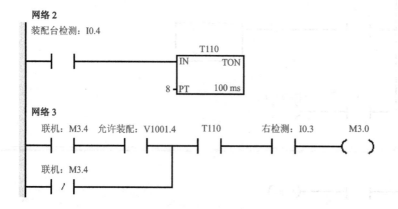

图 11 - 13　装配单元的部分抓取控制子程序

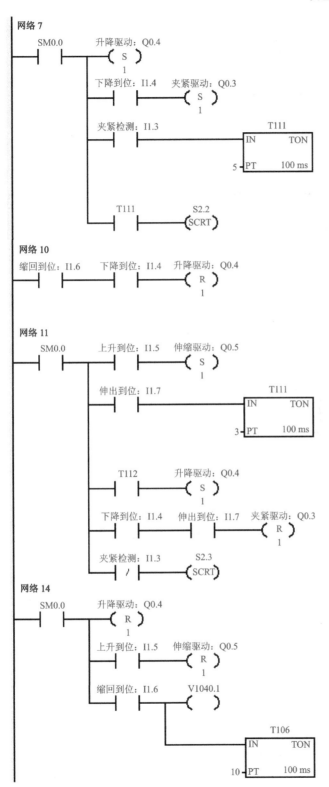

图 11-13 装配单元的部分抓取控制子程序(续)

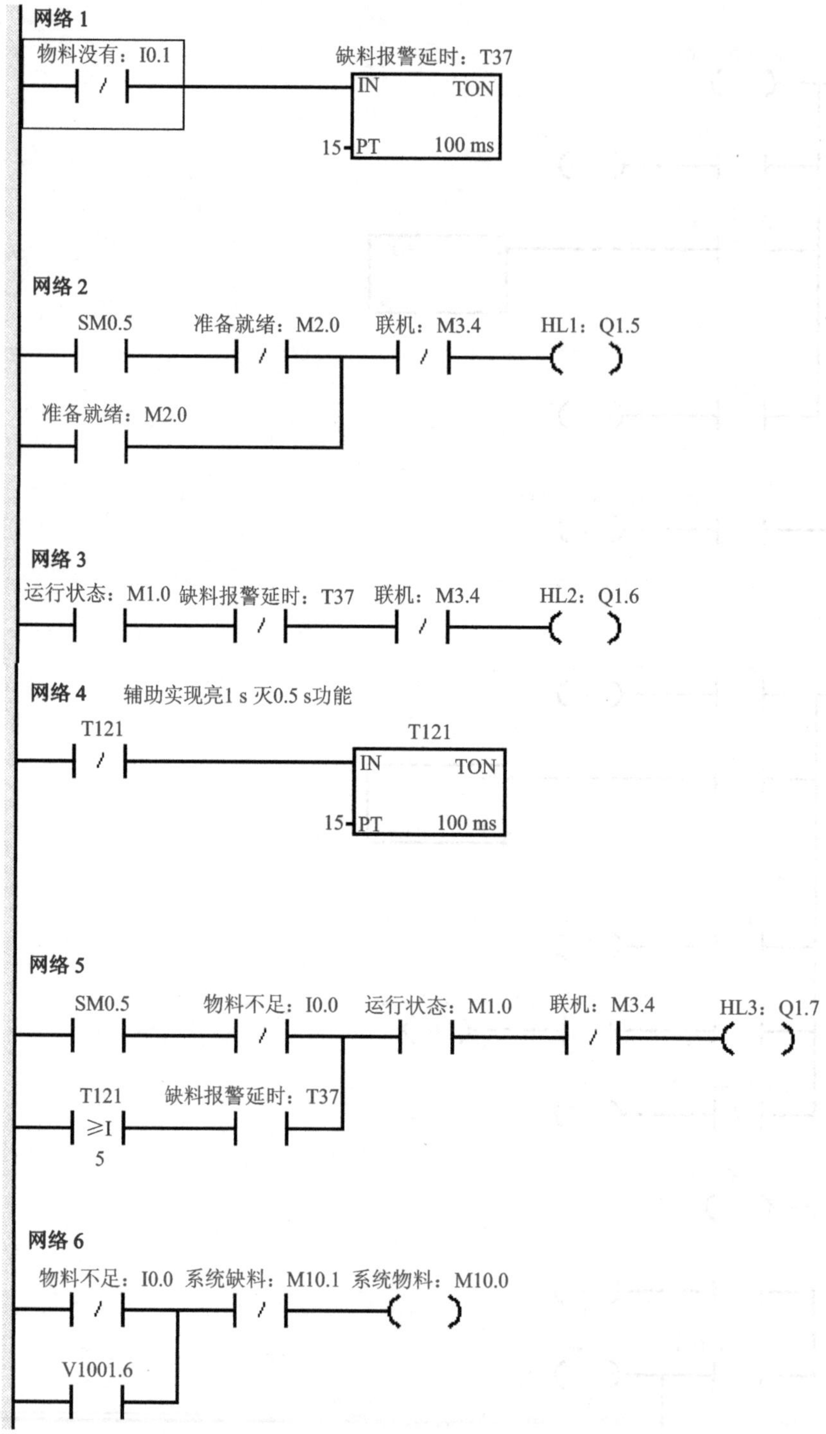

网络 1

物料没有：I0.1

缺料报警延时：T37
```
        IN      TON
  15 — PT      100 ms
```

网络 2

SM0.5　　准备就绪：M2.0　　联机：M3.4　　HL1：Q1.5

准备就绪：M2.0

网络 3

运行状态：M1.0　缺料报警延时：T37　联机：M3.4　　HL2：Q1.6

网络 4　辅助实现亮1 s 灭0.5 s功能

T121

T121
```
        IN      TON
  15 — PT      100 ms
```

网络 5

SM0.5　　物料不足：I0.0　运行状态：M1.0　联机：M3.4　　　HL3：Q1.7

T121　　缺料报警延时：T37
≥I
5

网络 6

物料不足：I0.0　系统缺料：M10.1　系统物料：M10.0

V1001.6

图 11－14　装配单元的部分指示灯控制子程序

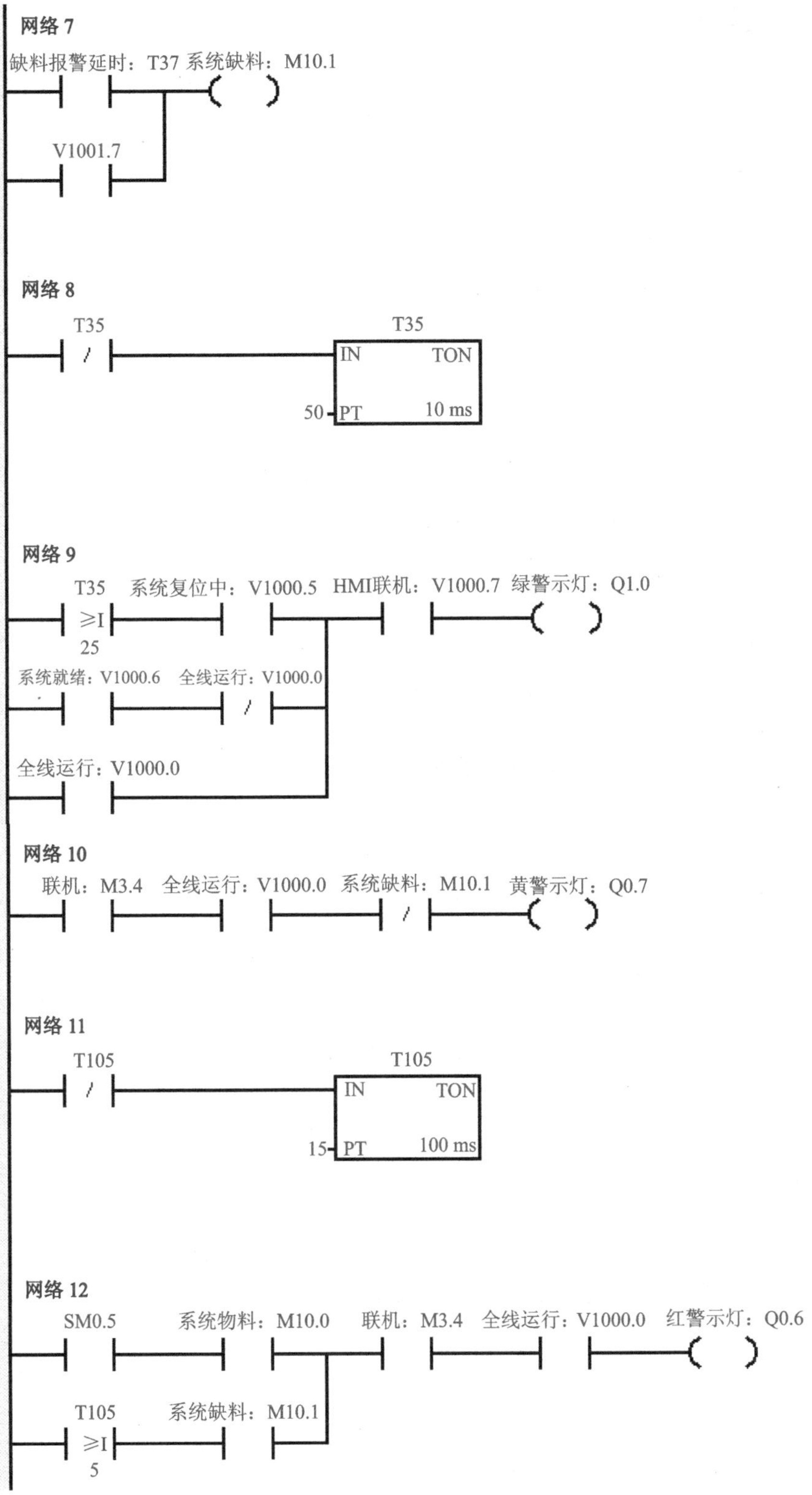

网络 7

缺料报警延时：T37　系统缺料：M10.1

V1001.7

网络 8

T35

T35　TON　IN
50 - PT　10 ms

网络 9

T35　系统复位中：V1000.5　HMI联机：V1000.7　绿警示灯：Q1.0
≥I
25

系统就绪：V1000.6　全线运行：V1000.0

全线运行：V1000.0

网络 10

联机：M3.4　全线运行：V1000.0　系统缺料：M10.1　黄警示灯：Q0.7

网络 11

T105

T105　TON　IN
15 - PT　100 ms

网络 12

SM0.5　系统物料：M10.0　联机：M3.4　全线运行：V1000.0　红警示灯：Q0.6

T105　系统缺料：M10.1
≥I
5

图 11 - 14　装配单元的部分指示灯控制子程序（续）

11.3.2 调试与运行

① 调整气动部分,检查气路是否正确,气压是否合理、恰当,气缸的动作速度是否合适。

② 检查磁性开关的安装位置是否到位,磁性开关工作是否正常。

③ 检查 I/O 接线是否正确。

④ 检查光纤传感器安装是否合理,灵敏度是否合适,以保证检测的可靠性。

⑤ 放入工件,运行程序,观察装配单元动作是否满足任务要求。

⑥ 调试各种可能出现的情况,比如在任何情况下都有可能加入工件,系统都要能可靠工作。

⑦ 优化程序。

11.3.3 问题与思考

① 总结与学会检查气动连线、传感器接线、I/O 检测及故障排除方法。

② 如果在装配过程中出现意外情况应如何处理?

③ 在供料过程中,小零件落不到左、右料盘怎么处理?

④ 思考装配单元各种可能会出现的问题。

⑤ 检查光电接近开关安装是否合理,灵敏度是否合适,保证检测的可靠性。

⑥ 放入工件,运行程序,观察装配单元动作是否满足任务要求。

项目测评

选择题

(1) 气动摆台的摆动回转角度在( )范围任意可调。

A. 0~180°   B. 0~360°   C. 0~90°   D. 0~120°

(2) 装配单元在落料控制时,两个执行气缸的动作顺序是( )。

A. 顶料气缸 落料气缸   B. 落料气缸 顶料气缸

C. 顶料气缸 推料气缸   D. 推料气缸 顶料气缸

(3) 检测左料盘和右料盘是否有零件的传感器是( )。

A. 对射式光电传感器   B. 漫射式光电传感器

C. 光纤传感器   D. 电感传感器

(4) ( )是整个装配单元的核心。

A. 料盘   B. 落料机构   C. 气缸   D. 装配机械手

(5) 装配单元的警示灯,公共控制线是( )颜色的。

A. 红   B. 黄   C. 绿   D. 黑

项目十二 分拣单元的编程与调试

【知识目标】

➤ 掌握分拣单元的结构和组成

➤ 掌握分拣单元的工作过程

➤ 掌握分拣单元电气控制线路的接线方法和步骤

➤ 掌握分拣单元气动系统的连接、调试方法和步骤

➤ 掌握分拣单元 PLC 程序的编程和调试方法

【能力目标】

➤ 能够准确叙述分拣单元的功能及组成

➤ 能够绘制出分拣单元的电气原理图

➤ 能够绘制出分拣单元的气动原理图

➤ 能够完成分拣单元电路和气动系统的安装及调试

➤ 能够完成分拣单元的 PLC 控制系统设计、安装及调试

【素质目标】

➤ 养成良好的职业素养、严谨的工作作风和团结协作的双创精神

【项目描述】

分拣单元是 YL-335B 中的最后一个单元，完成对上一单元送来的已加工、已装配的成品工件进行分拣，使不同颜色的工件从不同的料槽分流，当输送单元送来的工件被放到传送带上并被放入入料口的光电传感器检测到时，变频器即可启动，工件开始送入分拣区进行分拣。本项目主要学习编码器、高速计数器的应用。

12.1 分拣单元的结构与工作过程

12.1.1 分拣单元的结构

分拣单元的主要结构有传送和分拣机构、传送带驱动机构、变频器模块、电磁阀组和气动控制回路、接线端口、PLC 模块、按钮/指示灯模块及底板等。其中机械部分的装配总成如图 12-1 所示。

YL-335B 生产线
分拣单元介绍

1. 传送和分拣机构

传送和分拣机构主要由传送带、出料滑槽、推料（分拣）气缸、漫射式光电传感器、光纤传感器、磁感应接近式传感器组成。

传送带是把机械手输送过来的成品工件进行传输，输送至分拣区。导向器是用于纠正机械手输送过来的工件。三条物料槽分别用于存放加工好的金属、白色工件或黑色工件。

传送和分拣的工作原理如下：

当输送单元送来的工件放到传送带上并被入料口光纤传感器检测到时，将信号传输给

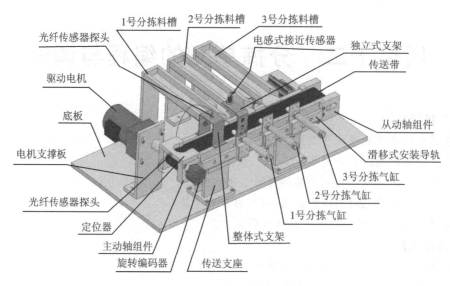

图 12-1　分拣单元的机械部分的装配总成

PLC,通过 PLC 的程序启动变频器,电动机运转驱动传送带工作,把工件带进分拣区,如果进入分拣区工件为金属工件,则传送带将金属工件输送至 1 号料槽处停止,分拣气缸一启动,将金属工件推到 1 号槽里;如果进入分拣区工件为白色工件,则传送带将其输送至 2 号料槽处停止,分拣气缸二启动,将白色工件推到 2 号槽里;如果是黑色工件,则传送带将其输送至 3 号料槽处停止,分拣气缸三启动,将黑色工件推到 3 号槽里。

2. 传送带驱动机构

传送带驱动机构如图 12-2 所示。它采用的三相异步电动机用于拖动传送带从而输送物料。它主要由电动机安装支架、异步电动机和联轴器等组成。

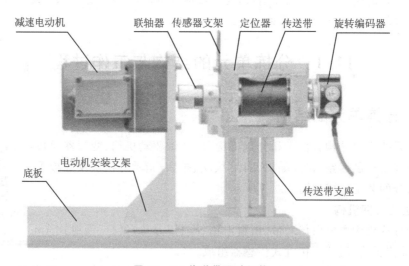

图 12-2　传送带驱动机构

三相异步电动机是传动机构的主要部分,电动机转速的快慢由变频器来控制,其作用是拖动传送带从而输送物料。电动机安装支架用于固定电动机。联轴器用于把电动机的轴和传送带主动轮的轴联接起来,从而组成一个传动机构。

12.1.2 分拣单元的工作过程

分拣单元的工作目标是对白色、黑色的金属工件进行分拣。分拣单元上电和气源接通后,如果分拣单元的 3 个气缸均处于缩回位置,则"正常工作"指示灯 HL1 常亮,表示设备已准备好;否则,该指示灯以 1 Hz 的频率闪烁。若分拣单元已准备好,按下启动按钮,系统启动,"设备运行"指示灯 HL2 常亮。当传送带的入料口人工放下已装配的工件时,变频器立即启动,驱动电动机以频率固定为 30 Hz 的速度,把工件带往分拣区。如果进入分拣区工件为金属工件,则传送带将工件输送至 1 号料槽处停止,分拣气缸一伸出推料,将金属工件推到 1 号槽里;如果进入分拣区工件为白色工件,则传送带将工件输送至 2 号料槽处停止,分拣气缸二伸出推料,将工件推到 2 号槽里;如果是黑色工件,则传送带将其输送至 3 号料槽处停止,分拣气缸三伸出推料,将工件推到 3 号槽里。

YL - 335B 生产线
分拣单元单站运行

工件被推入滑槽后,分拣单元的一个工作周期结束。仅当工件被推入滑槽后,才能再次向传送带下料。如果在运行期间按下停止按钮,分拣单元在本工作周期结界间停止运行。

12.1.3 光电编码器

YL - 335B 的分练单元使用了通用型旋转编码器,用于计算工件在传送带上的位置。

旋转编码器是一种通过光电转换将输出轴上的机械、几何位移量转换成脉冲或数字信号的传感器,主要用于速度或位置(角度)的检测。典型的旋转编码器是由光栅盘和光电检测装置组成。光栅盘是在一定直径的圆板上等分地开通若干个长方形狭缝。由于光栅盘与电动机同轴,电动机旋转时,光盘与电动机同速旋转,经光敏元件及放大整形电路组成的检测装置检输出若干脉冲信号,其原理示意如图 12 - 3 所示。通过计算每秒旋转编码器输出脉冲的个数就能反映当前电动机的转速。

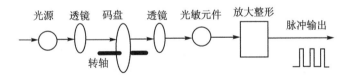

图 12 - 3 旋转编码器原理示意图

一般来说,根据旋转编码器产生脉冲方式的不同,可以分为增量式、绝对式以及复合式三大类。自动线上常采用的是增量式旋转编码器。增量式编码器直接利用光电转换原理输出三组方波脉冲 A 相、B 相和 Z 相;A、B 两组脉冲相位差 90°,用于辨别方向;当 A 相脉冲超前 B 相时为正转方向,而当 B 相脉冲超前 A 相时则为反转方向。Z 相为每转一个脉冲,用于基准点定位。增量式编码器输出的三组方波脉冲如图 12 - 4 所示。

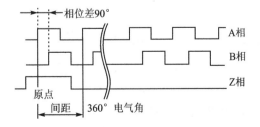

图 12 - 4 增量式编码器输出的三组方波脉冲

YL－335B的分拣单元使用了具有A、B两相90°相位差的通用型旋转编码器,用于计算工件在传送带上的位置。编码器直接连接到传送带主动轴上。该旋转编码器的相脉冲采用NPN型集电极开路输出,分辨率为500线,工作电源为DC12~24 V。

分拣单元没有使用Z相脉冲,A、B两相输出端直接连接到PLC的高速计数器输入端。计算工件在传送带上的位置时,需确定每两个脉冲之间的距离即脉冲当量。分拣单元主动轴的直径为$d=43$ mm,则异电动机每旋转一周,传送带上工件移动距离$L=\pi d=3.14\times43$ mm$=136.35$ mm,故脉冲当$\mu=L/500=0.273$ mm。

按图12－5所示的安装尺寸,当工件从下料口中心线移至传感器中心时,旋转编码器约发出430个脉冲;移至第一个推杆中心点时,约发出614个脉冲;移至第二个推杆中心点时,约发出963个脉冲;移至第三个推杆中心点时,约发出1 284个脉冲。

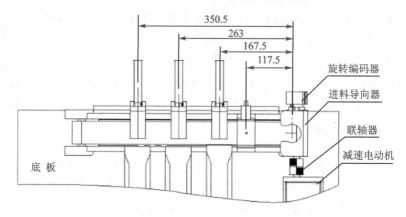

图12－5 传送带位置计算用图

应该指出的是,上述脉冲当量的计算只是理论上的推算。实际上各种误差因素不可避免,例如传送带主动轴直径(包括传送带厚度)的测量误差,传送带的安装偏差、张紧度和分拣单元整体在工作台面上定位偏差等,这些都将影响理论计算值。

因此理论计算值只能作为估算值。脉冲当量的误差所引起的累积误差会随着工件在传送带上运动距离的增大而迅速增加,甚至达到不可忽视的地步。

因而在分拣单元安装调试时,除要仔细调整尽量减少安装偏差外,尚须现场测试脉冲当量。现场测试脉冲当量的方法,如何对输入到PLC的脉冲进行高速计数,以及计算工件在传送带上的位置,将结合本项目的工作任务,在PLC编程思路中做介绍。

12.2 分拣单元的电路和气路设计

12.2.1 分拣单元的电路设计

只考虑作为独立设备运行时的情况,分拣单元的按钮/指示灯模块上的工作方式选择开关应置于"单站方式"位置。

1. 具体的控制要求

① 分拣单元各气缸的初始位置是挡料气缸处于伸出状态,顶料气缸处于缩回状态,料仓上已经有足够多的小圆柱工件;分拣机械手的升降气缸处于提升状态,伸缩气缸处于缩回状

态;气爪处于松开状态;设备上电和气源接通后,若各气缸满足初始位置要求,且料仓上已经有足够多的小圆柱工件且工件分拣台上没有待分拣工件,则"正常工作"指示灯 HL1 常亮,表示设备已准备好;否则,该指示灯以 1 Hz 的频率闪烁。

② 供料过程:若设备已准备好,按下启动按钮,分拣单元启动,"设备运行"指示灯 HL2 常亮。如果回转台上的左侧料盘内没有小圆柱工件,就执行下料操作;如果左侧料盘内有工件,而右侧料盘内没有工件,就执行回转台回转操作。

③ 分拣过程:如果回转台上的右侧料盘内有小圆柱工件且分拣台上有待分拣工件,执行分拣机械手抓取小圆柱工件并放入待分拣工件中的操作。

④ 返回:完成分拣任务后,分拣机械手应返回初始位置,等待下一次分拣。

⑤ 系统停止:若在运行过程中按下停止按钮,则供料机构应立即停止供料,在分拣条件满足的情况下,分拣单元在完成本次分拣后停止工作。

⑥ 报警:在运行中发生"工件不足"报警时,指示灯 HL3 以 1 Hz 的频率闪烁,HL1 和 HL2 灯常亮;在运行中发生"工件没有"报警时,指示灯 HL3 以亮 1 s、灭 0.5 s 的方式闪烁,HL2 熄灭,HL1 常亮。

2. 工作任务

① 规划 PLC 的 I/O 分配表。

② 进行系统电气部分安装接线。

③ 按照控制要求编制 PLC 程序。

④ 进行调试与运行。

3. PLC 的 I/O 地址分配

根据分拣单元的控制要求设计,PLC 的 I/O 信号分配如表 12-1 所列。

表 12-1 分拣单元 PLC 的 I/O 信号表

输入信号				输出信号			
序　号	PLC 输入点	信号名称	信号来源	序　号	PLC 输入点	信号名称	信号来源
1	I0.0	编码器 B 相		1	Q0.0	变频器启/停控制	
2	I0.1	编码器 A 相		2	Q0.4	推料一电磁阀	
3	I0.2	物料口检测传感器		3	Q0.5	推料二电磁阀	
4	I0.4	金属检测传感器		4	Q0.6	推料三电磁阀	
5	I0.5	光纤传感器检测		5	Q1.4	黄色指示灯	
6	I0.7	推料一到位检测		6	Q1.5	绿色指示灯	
7	I1.0	推料二到位检测		7	Q1.6	红色指示灯	
8	I1.1	推料三到位检测					
9	I1.2	旋转缸右限位检测					
10	I0.7	推料一到位检测					
11	I2.4	启动按钮					
12	I2.5	停止按钮					
13	I2.6	单机/全线					
14	I2.7	急停按钮					

分拣单元 PLC 选用 CPU SR40 AC/DC/RLY 主机,共 24 点输入和 10 点继电器输出。分拣单元 PLC 电气原理如图 12－6 所示。

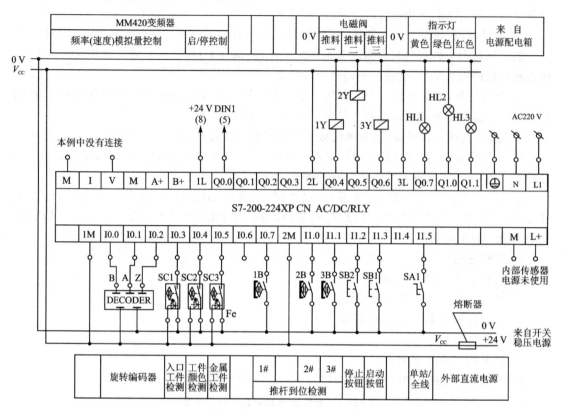

图 12－6　分拣单元 PLC 电气原理图

12.2.2　分拣单元的气路设计

1. 气动系统的组成

分拣单元的气动系统主要包括气源、气动汇流板、直线气缸、单电控换向阀、单向节流阀、消声器、快插接头、气管等,它们的主要作用是将不同材质和颜色的工件推入到不同的滑槽。

分拣单元的电磁阀组使用了 3 个单电控二位五通的带手控开关的电磁换向阀,它们安装到汇流板上。分别对应分拣气缸 1、分拣气缸 2 和分拣气缸 3 的气路进行控制,以改变各自的动作状态。分拣单元气动控制回路的工作原理如图 12－7 所示。图中,1B1、2B1 和 3B1 分别为安装在各推料气缸的前极限工作位置的磁感应接近开关,1Y1、2Y1 和 3Y1 分别为控制 3 个分拣气缸电磁阀的电磁控制端。

YL－335B 生产线
分拣单元气路介绍

2. 气路控制原理图

分拣单元的气路控制原理如图 12－7 所示。图中,气源经汇流板分给 6 个换向阀的进气口,气缸 1Y1、2Y1、3Y1 的两个工作口与电磁阀工作口之间均安装了单向节流阀,通过尾端节流阀来调整对应气动执行元件的工作速度。排气口安装的消声器可减小排气的噪声。

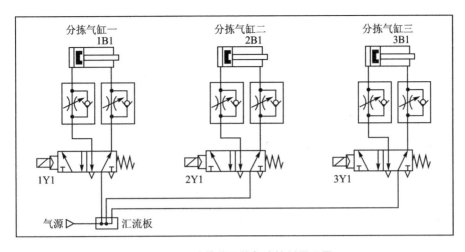

图 12 - 7 分拣单元的气路控制原理图

3. 气动元件的连接方法

① 单向节流阀应分别安装在气缸的工作口上,并缠绕好密封带,以免运行时漏气。

② 单电控换向阀的进气口和工作口应安装好快插接头,并缠绕好密封带,以免运行时漏气。

③ 汇流板的排气口应安装好消声器,并缠绕好密封带,以免运行时漏气。

④ 气动元件对应气口之间用塑料气管进行连接,做到安装美观,气管不交叉并保证气路畅通。

4. 气路系统的调试方法

分拣单元气路系统的调试主要是针对气动执行元件的运行情况进行的,其调试方法是通过手动控制单向换向阀,观察各气动执行元件的动作情况,气动执行元件运行过程中检查各管路的连接处是否有漏气现象,是否存在气管不畅通现象。同时,通过对各单向节流阀的调整来获得稳定的气动执行元件运行速度。

12.3 分拣单元的编程与调试

12.3.1 程序设计

1. 主程序设计

分拣单元采用的是顺序控制程序,分拣单元分拣控制主程序顺序控制功能如图 12 - 8 所示。整个程序的结构包括分拣控制主程序、分拣控制子程序、高速计数子程序和状态显示子程序。主程序是一个周期循环扫描的程序。通电后,先初始化高速计数器并进行初态检查,即检查 3 个推料气缸是否缩回到位。这三个条件中的任意一个条件不满足,则初态均不能通过,也就是不能启动分拣单元使之运行,如果初态检查通过,则说明设备准备就绪,允许启动。启动后,系统就处于运行状态,此时主程序每个扫描周期调用分拣控制子程序。

2. 子程序设计

分拣单元的主要工作过程是分拣控制,可编写一个子程序供主程序调用,编程思路如下。

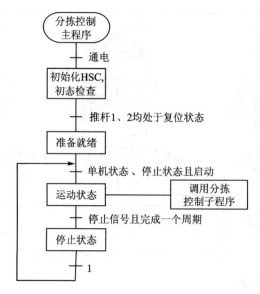

图 12-8 分拣单元分拣控制主程序顺序控制功能图

① 当检测到待分拣工件放入进料口后,清零 HCO 当前值,以固定频率启动变频器驱动电动机运转。

② 当工件经过安装传感器支架上的光纤探头和电感式传感器时,根据两个传感器动作与否,判别工件的属性,决定程序的流向。HCO 当前值与传感器位置值的比较可采用触点比较指令实现。

③ 根据工件属性和分拣任务要求,在相应的推料气缸位置把工件推出。推料气缸返回初始位置结束。分拣单元分拣控制子程序顺序控制功能如图 12-9 所示。

注意:金属传感器和光纤传感器都安装在检测区域的上面。

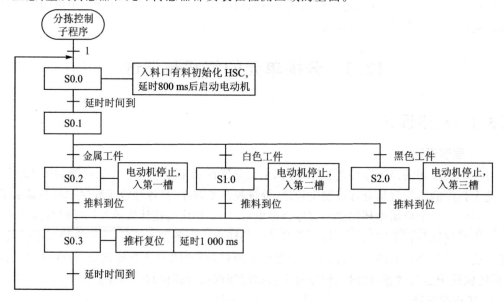

图 12-9 分拣单元分拣控制子程序顺序控制功能图

3. 分拣单元单站运行控制程序

分拣单元单站运行部分主程序如图 12 - 10 所示。分拣单元的部分分拣控制子程序如图 12 - 11 所示。

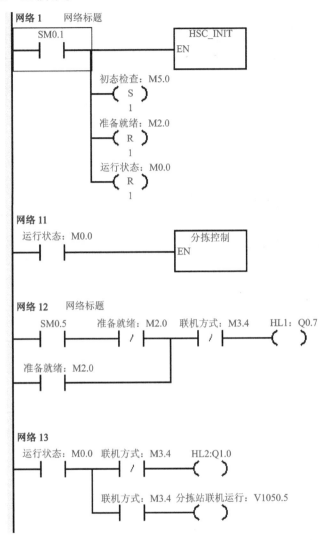

图 12 - 10 分拣单元部分主程序

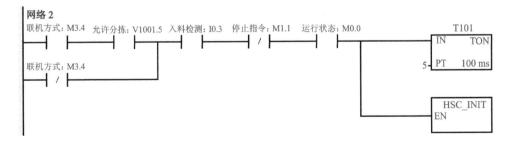

图 12 - 11 分拣单元部分子程序

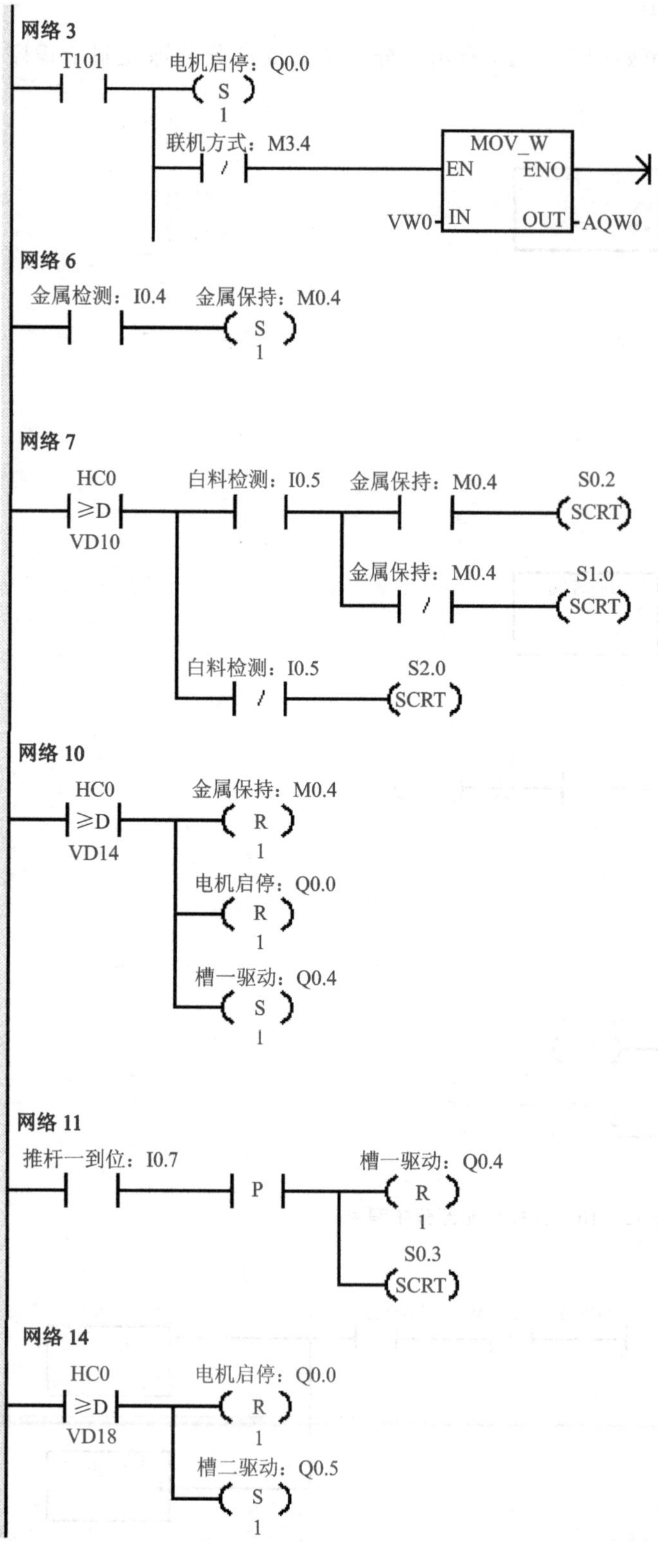

网络 3

```
T101        电机启停: Q0.0
─┤├──┬──────( S )
     │         1
     │
     │  联机方式: M3.4        ┌─────────────┐
     ├──┤/├──────────────────┤EN    MOV_W  ENO├───>
     │                       │             │
     │                    VW0┤IN       OUT├─AQW0
     │                       └─────────────┘
```

网络 6

```
金属检测: I0.4   金属保持: M0.4
─┤├──────┤├────────( S )
                    1
```

网络 7

```
HC0      白料检测: I0.5   金属保持: M0.4        S0.2
─┤≥D├──┬──┤├────┬──┤├──────────────────────(SCRT)
VD10   │        │
       │        │  金属保持: M0.4              S1.0
       │        └──┤/├──────────────────────(SCRT)
       │
       │  白料检测: I0.5        S2.0
       └──┤/├──────────────(SCRT)
```

网络 10

```
HC0      金属保持: M0.4
─┤≥D├──┬──( R )
VD14   │    1
       │
       │  电机启停: Q0.0
       ├──( R )
       │    1
       │
       │  槽一驱动: Q0.4
       └──( S )
            1
```

网络 11

```
推杆一到位: I0.7            槽一驱动: Q0.4
─┤├────────┤P├──┬──( R )
                │    1
                │
                │  S0.3
                └──(SCRT)
```

网络 14

```
HC0      电机启停: Q0.0
─┤≥D├──┬──( R )
VD18   │    1
       │
       │  槽二驱动: Q0.5
       └──( S )
            1
```

图 12-11 分拣单元部分子程序(续)

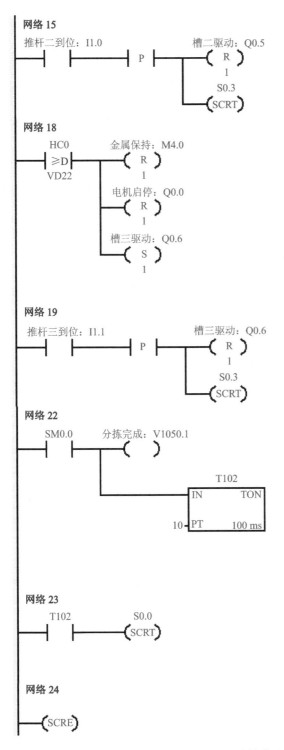

图 12-11　分拣单元部分子程序(续)

12.3.2　调试与运行

① 调整气动部分,检查气路是否正确,气压是否合理、恰当,气缸的动作速度是否合适。

② 检查磁性开关的安装位置是否到位,磁性开关工作是否正常。

③ 检查 I/O 接线是否正确。

④ 检查光纤传感器安装是否合理,灵敏度是否合适,以保证检测的可靠性。

⑤ 检查变频器各项参数设置是否正确,确保电动机运行正常。

⑥ 放入工件,运行程序,观察分拣单元动作是否满足任务要求。

⑦ 调试各种可能出现的情况,比如在任何情况下都有可能加入工件,系统都要能可靠工作。

⑧ 优化程序。

12.3.3　问题与思考

① 总结与学会检查气动连线、编码器接线、变频器参数设置、I/O 检测及故障排除方法。

② 如果在分拣过程中出现意外情况应如何处理?

③ 思考分拣单元各种可能会出现的问题。

项目测评

选择题

(1) MM420 变频器的电动机下降时间参数是(　　)。

A. P700　　　　　　B. P1000　　　　　　C. P1020　　　　　　D. P1121

(2) 分拣单元中,异步电动机转速的快慢由(　　)来控制。

A. 变频器　　　　　B. 流量　　　　　　C. 电流大小　　　　　D. 电压高低

(3) YL－335B 型自动化生产线设备自动线上分拣单元采用的是(　　)旋转编码器。

A. 绝对式　　　　　B. 复合式　　　　　C. 增量式　　　　　　D. 光电式

(4) 分拣单元中用高速计数器对编码器输出脉冲计数,使用 HSC0 采用模式 9,则编码器的 A、B 相脉冲接入 PLC 的(　　)端子。

A. I0.1,I0.0　　　　B. I0.1,I0.2　　　　C. I0.2,I0.3　　　　D. I0.0,I0.2

(5) 在 YL－335B 型自动化生产线设备中,触摸屏通过(　　)使用 PC/PPI 电缆直接与输送单元 PLC 的 RS485 通讯端口连接。

A. 输入端子　　　　B. 输出端子　　　　C. COM 口　　　　　D. LAN 口

项目十三　输送单元的编程与调试

【知识目标】
- ➢ 掌握输送单元的结构和组成
- ➢ 掌握输送单元的工作过程
- ➢ 掌握输送单元电气控制线路的接线方法和步骤
- ➢ 掌握输送单元气动系统的连接、调试方法和步骤
- ➢ 掌握输送单元 PLC 程序的编程和调试方法

【能力目标】
- ➢ 能够准确叙述输送单元的功能及组成
- ➢ 能够绘制出输送单元的电气原理图
- ➢ 能够绘制出输送单元的气动原理图
- ➢ 能够完成输送单元电路和气动系统的安装及调试
- ➢ 能够完成输送单元的 PLC 控制系统设计、安装及调试

【素质目标】
- ➢ 养成良好的职业素养、严谨的工作作风和团结协作的双创精神

【项目描述】

　　YL－335B 出厂配置时，输送单元在网络系统中担任着主站的角色，它接收来自触摸屏的系统主令信号，读取网络上各从站的状态信息，加以综合处理后，向各从站发送控制要求，协调整个系统的工作。本项目主要学习伺服电动机的运行控制。

13.1　输送单元的结构与工作过程

13.1.1　输送单元的结构

　　输送单元由抓取机械手装置、直线运动传动组件、拖链装置、PLC 模块和接线端口以及按钮/指示灯模块等部件组成。图 13－1 所示是安装在工作台面上的输送单元装置侧部分。

YL－335B 生产线
输送单元介绍

1. 抓取机械手装置

　　抓取机械手装置是一个能实现三自由度运动(即升降、伸缩、气动手指夹紧/松开和沿垂直轴旋转的四维运动)的工作单元,该装置整体安装在直线运动传动组件的滑动溜板上,在传动组件带动下整体做直线往复运动,定位到其他各工作单元的物料台,然后完成抓取和放下工件的功能,图 13－2 是该装置实物图。

　　具体构成如下：

　　气动手爪:用于在各个工作单元物料台上抓取/放下工件,由一个二位五通双向电控阀控制。

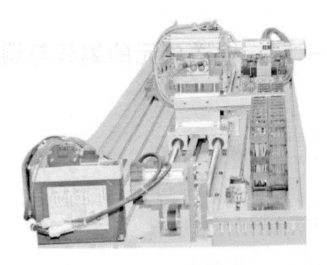

图 13－1　输送单元装置侧部分

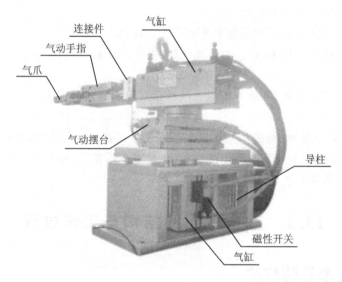

图 13－2　抓取机械手装置实物图

伸缩气缸：用于驱动手臂伸出缩回，由一个二位五通单向电控阀控制。

回转气缸：用于驱动手臂正、反向 90°旋转，由一个二位五通单向电控阀控制。

提升气缸：用于驱动整个机械手提升与下降，由一个二位五通单向电控阀控制。

伸缩气缸：用于驱动手臂伸出缩回，由一个二位五通单向电控阀控制。

回转气缸：用于驱动手臂正、反向 90°旋转，由一个二位五通单向电控阀控制。

提升气缸：用于驱动整个机械手提升与下降，由一个二位五通单向电控阀控制。

2．直线运动传动组件

直线运动传动组件用以拖动抓取机械手装置做往复直线运动，完成精确定位的功能。图 13－3 是直线运动传动组件图。图 13－4 给出了执行运动传动组件和抓取机械手装置组装而成的示意图。

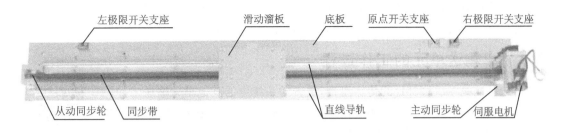

图 13-3 直线运动的传动组件

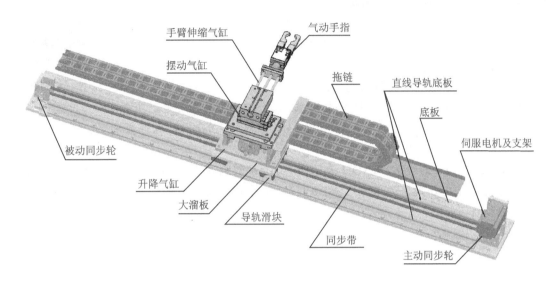

图 13-4 直线运动传动组件和机械手装置

传动组件由直线导轨底板、伺服电动机与伺服放大器、同步轮、同步带、直线导轨、滑动溜板、拖链和原点接近开关、左或右极限开关组成。伺服电动机由伺服电动机放大器驱动,通过同步轮和同步带带动滑动溜板沿直线导轨做往复直线运动,从而带动固定在滑动溜板上的抓取机械手装置做往复直线运动。

同步轮齿距为 5 mm,共 12 个齿即旋转一周搬运机械手位移 60 mm。抓取机械手装置上所有气管和导线沿拖链敷设,进入线槽后分别连接到电磁阀组和接线端口上。原点接近开关和左、右极限开关安装在直线导轨底板上,如图 13-5 所示。

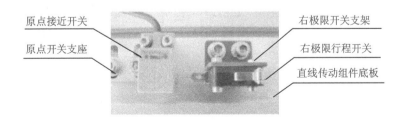

图 13-5 原点开关和右极限开关

原点接近开关是一个无触点的电感式接近传感器,用来提供直线运动的起始点信号。左、右极限开关均有触点的微动开关,用来提供越程故障时的保护信号。当滑动溜板在运动中越过左或右极限位置时,极限开关会动作,从而向系统发出越程故障信号。

13.1.2 输送单元的工作过程

输送单元是 YL-335B 的传输纽带,负责向系统中的其他单元输送工件。工作中转动抓取机械手装置精确定位到指定单元的物料台,在物料台上抓取工件,再把抓到的工件输送到指定地点后放下。

YL-335B 生产线
输送单元单站运行

13.1.3 松下 A5 系列伺服电动机

在 YL-335B 的输送单元中,采用松下 MHMD022G1U 永磁同步交流伺服电动机及 MADHT1506E 全数字交流永磁同步伺服驱动装置作为运输机械手的运动控制装置。

松下 A5 伺服
电机介绍

1. 伺服电动机及驱动器型号的含义

MHMD 表示电动机类型为大惯量(系统),02 表示电动机的额定功率为 200 W,2 表示电压规格为 200 V,G 表示编码器为增量式编码器,脉冲数为 20 位,分辨率为 1048566,输出信号线数为 5 根线。

MADHT1506E 的含义:MADH 表示松下 A5 系列 A 型驱动器,T1 表示最大额定电流为 10 A,5 表示电源电压规格为单相/三相 200 V,06 表示电流监测器额定电流为 6.5 A。驱动器的外观和面板如图 13-6 所示。

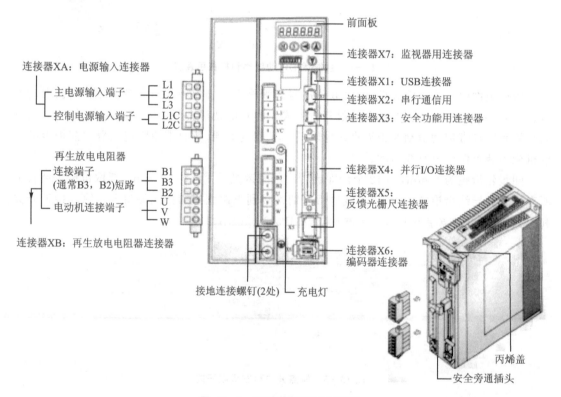

图 13-6 驱动器的外观和面板

2.接　线

MADHT1506E伺服驱动器面板上有多个接线端口,其中:

①　XA:XA为电源输入接口,AC 220 V电连接到L1、L3主电源端子,同时连接到控制电源端子L1C、L2C上。

②　XB:XB为电动机接口和外置再生放电电阻器接口。U、V、W端子用于连接电动机。必须注意,电源电压务必按照驱动器铭牌上的指示,电动机接线端子(U、V、W)不可以接地或短路,交流伺服电动机的旋转方向不像感应电动机可以通过交换三相相序来改变,必须保证驱动器上的U、V、W、E接线端子与电动机主回路接线端子按规定的次序一一对应,否则可能造成驱动器的损坏。电动机的接线端子、驱动器的接地端子和滤波器的接地端子必须保证可靠地连接到同一个接地点上。机身也必须接地。B1、B3、B2端子是外接放电电阻,YL-335B没有使用外接放电电阻。

③　X6:X6连接到电动机编码器信号接口,连接电缆应选用带有屏蔽层的双绞电缆,屏蔽层应接到电动机侧的接地端子上,并且应确保将编码器电缆屏蔽层连接到插头的外壳(FG)上。

④　X4:X4为I/O控制信号端口,其部分引脚信号定义与选择的控制模式有关,不同模式下的接线可参考《松下A5系列伺服电动机手册》。YL-335B输送单元中,伺服电动机用于定位控制,选用位置控制模式。所采用的简化接线方式如图13-7所示。

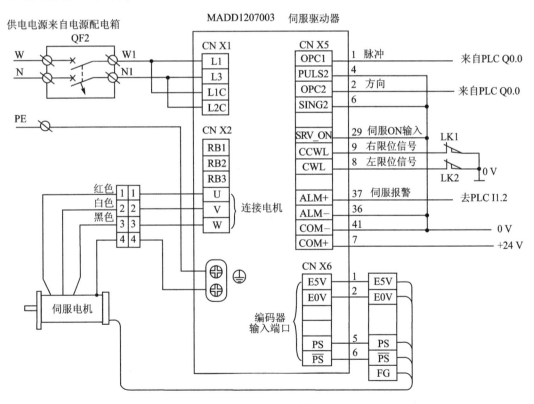

图13-7　伺服驱动器电气接线图

3. 伺服驱动器的参数设置与调整

松下的伺服驱动器有 7 种运行控制方式,即位置控制、速度控制、转矩控制、位置/速度控制、位置/转矩、速度/转矩和全闭环控制。位置控制方式就是输入脉冲串促使电动机定位运行,电动机转速与脉冲串频率相关,电动机转动的角度与脉冲个数相关。速度控制方式有两种,一是通过输入直流－10～＋10 V 指令电压调速,二是选用驱动器内设置的内部速度来调速;转矩控制方式是通过输入直流－10～＋10 V 指令电压调节电动机的输出转矩,这种方式下运行必须进行速度限制,有如下两种方法:设置驱动器内的参数来限制与输入模拟量电压限速。

4. 参数设置方式操作说明

MADHT1506E 伺服驱动器的参数为 Pr000～Pr639,可以通过驱动器上的面板进行设置,面板结构如图 13－8 所示,各个按钮的说明如表 13－1 所列。

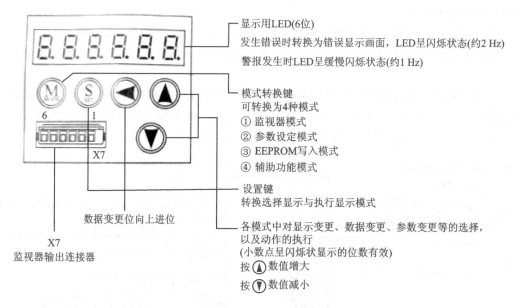

图 13－8　驱动器参数设置面板

表 13－1　伺服驱动器面板按钮说明

按键说明	激活条件	功　能
MODE	在模式显示时有效	在以下 4 种模式之间切换: 1) 监视器模式 2) 参数设定模式 3) EEPROM 写入模式 4) 辅助功能模式
SET	一直有效	用来在模式显示和执行显示之间切换
▲ ▼	仅对小数点闪烁的那一位数据有效	改变显示内容、更改参数、选择参数或执行选中的操作
◄		把移动的小数点移到更高位数

面板操作说明：

① 恢复出厂值：驱动器上电后按一次设置键 S 进入 d0l.SPd；按 3 次模式键 M 进入辅助模式 AF_ACL；按 6 次向上键直到出现 AF_ini；按一次设置键 S 进入 ini－模式；再按住向上键约 5 s 后，显示 ini－－－，逐渐增加直到显示 Finish 为止，设置参数恢复出厂值完毕。

② 参数设置：先按"Set"键，再按"Mode"键选择到"Pr00"后，按向上、下或向左的方向键选择通用参数的项目，按"Set"键进入。然后按向上、向下或向左的方向键调整参数，调整完后，长按"S"键返回。选择其他项再调整。

③ 参数保存：按"M"键选择到"EE－SET"后按"Set"键确认，出"EEP－"，然后按向上键 3 s，出现"FINISH"或"reset"，然后重新上电即保存。

④ 部分参数说明：在 YL－335B 上，伺服驱动装置工作于位置控制模式，CPU ST40 的 Q0.0 输出脉冲作为伺服驱动器的位置指令，脉冲的数量决定伺服电动机的旋转位移，即机械手的直线位移，脉冲的频率决定了伺服电动机的旋转速度，即机械手的运动速度。CPU ST40 的 Q0.1 输出脉冲作为伺服驱动器的方向指令。对于控制要求较为简单，伺服驱动器可采用自动增益调整模式。根据上述要求，伺服驱动器参数设置如表 13－2 所列。

表 13－2　伺服参数设置表

序　号	参　数		设置数值	功能和含义
	参数编号	参数名称		
1	Pr5.28	LED 初始状态	1	显示电动机转速
2	Pr0.01	控制模式	0	位置控制（相关代码 P）
3	Pr5.04	驱动禁止输入设定	2	当左或右（POT 或 NOT）限位动作，则会发生 Err38 行程限位禁止输入信号出错报警。设置此参数值必须在控制电源断电重启之后才能修改、写入成功
4	Pr0.00	旋转方向设置	0	正方向指令时电动机顺时针方向转动
5	Pr0.04	惯量比	250	
6	Pr0.02	实时自动增益设定	1	实时自动调整为标准模式，运行时负载惯量的变化情况很小
7	Pr0.03	实时自动增益的机械刚性选择	13	此参数值设计值越大，响应越快
8	Pr0.06	指令脉冲极性设置	1	指令脉冲＋指令方向，设置此参数值必须在控制电源断电重启后才能修改、写入成功
9	Pr0.07	指令脉冲输入模式设置	3	
10	Pr0.08	电动机每旋转一圈的脉冲数	6 000	电动机每转一圈所需的指令脉冲数

注：其他参数的说明及设置可看松下 A5 系列伺服电动机、驱动器使用说明书。

13.2 输送单元的电路和气路设计

13.2.1 输送单元的电路设计

1. 工作任务描述

输送单元单站运行的目的是测试设备传送工件的能力。要求其他各工作单元已经就位，并且在供料单元的出料台上放置工件。具体测试要求如下：

(1) 复 位

输送单元在通电后，按下复位按钮 SB1，执行复位操作，使抓取机械手装置回到原点位置。在复位过程中，"正常工作"指示灯 HL1 以 1 Hz 的频率闪烁。当抓取机械手装置回到原点位置，且输送单元各个气缸满足初始位置的要求，则复位完成，"正常工作"指示灯 HL1 常亮。按下启动按钮 SB2，设备工作，"设备运行"指示灯 HL2 也常亮，开始功能测试过程。

(2) 正常功能测试

① 抓取机械手装置从供料单元出料台抓取工件，抓取的顺序是：手臂伸出→手爪夹紧→抓取工件→提升台上升→手臂缩回。

② 抓取动作完成后，伺服电动机驱动机械组装向加工单元移动，移动速度不小于运行/停止信号 300 mm/s。

③ 机械手装置移动到加工单元物料台的正前方后，即把工件放到加工单元物料台上。抓取机械手装置在加工单元放下工件的顺序是：手臂伸出→提升台下降→手爪松开→放下工件→手臂缩回。

④ 放下工件动作完成 2 s 后，抓取机械手装置执行抓取加工单元工件的操作。抓取的顺序与供料单元抓取工件的顺序相同。

⑤ 抓取动作完成后，伺服电动机驱动机械手装置移动到装配单元物料台的正前方，然后把工件放到装配单元物料台上。其动作顺序与加工单元放下工件的顺序相同。

⑥ 放下工件动作完成 2 s 后，抓取机械手装置执行抓取装配单元工件的操作。抓取的顺序与供料单元抓取工件的顺序相同。

⑦ 机械手手臂缩回后，摆台逆时针旋转 90°，伺服电动机驱动机械手装置从装配单元向分拣单元运送工件，到达分拣单元传送带上方入料口后把工件放下，动作顺序与加工单元放下工件的顺序相同。

⑧ 放下工件动作完成后，机械手手臂缩回，然后执行返回原点的操作。伺服电动机驱动机械手装置以 400 mm/s 的速度返回，返回 900 mm 后，摆台顺时针旋转 90°，再以 100 mm/s 的速度低速返回原点停止。当抓取机械手装置返回原点后，一个测试周期结束。当供料单元的出料台上放置工件时，再按一次启动按钮 SB2，开始新一轮的测试。

(3) 非正常运行的功能测试

若在工作过程中按下急停按钮 QS，则系统立即停止运行。在急停复位后，应从急停前的断点开始继续运行。但是若急停按钮按下，输送单元机械手装置正在向某一目标点移动，则急停复位后输送单元机械手装置应首先返回原点位置，然后再向原目标点运动。在急停状态，绿色指示灯 HL2 以 1 Hz 的频率闪烁，直到急停复位后恢复正常运行时，HL2 恢复常亮。

2. PLC 的选型和 I/O 接线

输送单元所需的 I/O 点数较多。其中,输入信号包括来自按钮/指示灯模块的按钮、开关等主令信号,各个机构上的传感器信号等;输出信号包括输出到抓取机械手装置各电磁阀的控制信号,输出到伺服电动机驱动器的脉冲信号和驱动方向信号;此外尚需考虑在需要时输出信号到按钮/指示灯模块的指示灯,以显示本单元或系统的工作状态。

3. 工作任务

① 规划 PLC 的 I/O 分配表。

② 进行系统电气部分安装接线。

③ 按照控制要求编制 PLC 程序。

④ 进行调试与运行。

4. PLC 的 I/O 地址分配

根据输送单元的控制要求设计,PLC 的 I/O 信号分配如表 13 - 3 所列。

表 13 - 3　输送单元的 I/O 地址分配

输入信号			输出信号		
序　号	PLC 输入点	信号名称	序　号	PLC 输入点	信号名称
1	I0.0	原点传感器检测	1	Q0.0	脉　冲
2	I0.1	右限位行程开关	2	Q0.2	方　向
3	I0.2	左限位行程开关	3	Q0.3	提升台上升电磁阀
4	I0.3	机械手抬升下限检测	4	Q0.4	回转气缸左旋电磁阀
5	I0.4	机械手抬升上限检测	5	Q0.5	回转气缸右旋电磁阀
6	I0.5	机械手左旋转检测	6	Q0.6	手爪伸出电磁阀
7	I0.6	机械手右旋转检测	7	Q0.7	手爪夹紧电磁阀
8	I0.7	机械手伸出检测	8	Q1.0	手爪放松电磁阀
9	I1.0	机械手缩回检测	9	Q1.4	黄色指示灯
10	I1.1	机械手夹紧检测	10	Q1.5	绿色指示灯
11	I1.2	伺服报警	11	Q1.6	红色指示灯
12	I2.4	启动按钮			
13	I2.5	停止按钮			
13	I2.6	单机/全线			
14	I2.7	急停按钮			

由于需要输出驱动伺服电机的高速脉冲,输送单元 PLC 应采用晶体管输出型。基于上述考虑,选用西门子 CPU ST40 DC/DC/DC 型 PLC 主机,共 24 点输入,16 点晶体管输出。输送单元 PLC 电气原理图如图 13 - 9 所示。

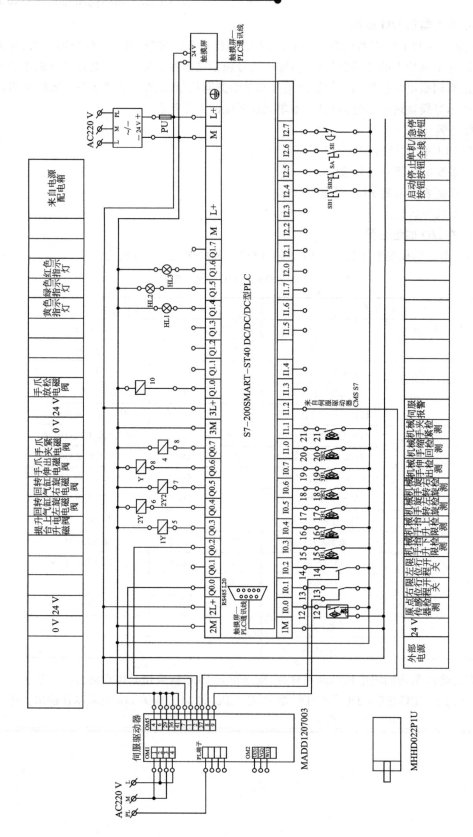

图13-9　输送单元PLC电气原理图

13.2.2　输送单元的气路设计

1. 气动系统的组成

输送单元的气动系统主要包括气源、气动汇流板、直线气缸、摆动气缸、气动手指、单电控换向阀、双电控换向阀、单向节流阀、消声器、快插接头和气管等,它们的主要作用是完成机械手的伸缩、抓取、升降和旋转等操作。

输送单元的气动执行元件由两个双作用气缸组成。其中,1B1、1B2 为提升台气缸上的 2 个位置检测传感器(磁性开关);2B1、2B2 为手臂伸出气缸上的 2 个位置检测传感器(磁性开关);3B1、3B2 为摆动气缸上的 2 个位置检测传感器(磁性开关);4B1、4B2 为气动手指上的夹紧检测传感器(磁性开关);单向节流阀用于气缸的调速,气动汇流板用于组装单电控换向阀及附件。单电控换向阀控制伸缩气缸和提升气缸;双电控换向阀控制摆动气缸和气动手指。

YL - 335B 生产线
输送单元气路介绍

2. 气路控制原理图

输送单元的气路控制原理如图 13 - 10 所示。图中气源经汇流板分给 4 个换向阀的进气口,每个气缸的两个工作口与电磁阀工作口之间均安装单向节流阀,通过尾端节流阀调整对应气动执行元件的工作速度。排气口安装的消声器可减小排气的噪声。

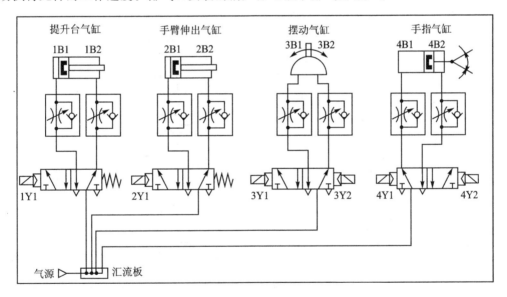

图 13 - 10　输送单元气动控制原理图

3. 气动元件的连接方法

① 单向节流阀应分别安装在气缸的工作口上,并缠绕好密封带,以免运行时漏气。

② 单电控换向阀、双电控换向阀的进气口和工作口应安装好快插接头,并缠绕好密封带,以免运行时漏气。

③ 汇流板的排气口应安装好消声器,并缠绕好密封带,以免运行时漏气。

④ 气动元件对应的气口之间用塑料气管进行连接,做到安装美观,气管不交叉并保证气路畅通。

4. 气路系统的调试方法

输送单元气路系统的调试主要是针对气动执行元件的运行情况进行的,其调试方法是通过手动控制单向换向阀,观察各气动执行元件的动作情况,气动执行元件运行过程中检查各管路的连接处是否有漏气现象,是否存在气管不畅通现象。同时,通过对各单向节流阀的调整来获得稳定的气动执行元件运行速度。

13.3 输送单元的编程与调试

13.3.1 程序设计

1. 编程思路

输送单元的控制程序可按照七个部分进行设计,即控制主程序、回原点子程序、初态检查复位子程序、急停处理子程序、运行控制子程序、抓料子程序和放料子程序。

2. 主程序

输送单元主程序是一个周期循环扫描的程序。通电短暂延时后调用初态检查子程序进行初态检查,如果初态检查不成功,则说明设备未就绪,也就是不能启动输送单元使之运行。如果初态检查成功,则会调用回原点子程序,返回原点成功,这样设备进入准备就绪状态,允许启动。启动后,系统进入运行状态,此时主程序的每个扫描周期调用运行控制子程序。如果在运行状态下发出停止指令,则系统运行一个周期后转入停止状态,等待系统下一次启动。输送单元主程序顺序控制功能如图 13 - 11 所示。

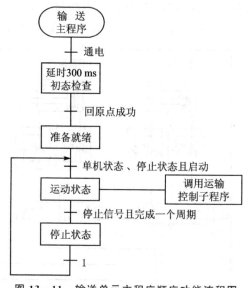

图 13 - 11　输送单元主程序顺序功能流程图

3. 初态检查复位子程序

输送单元初态检查复位子程序顺序控制功能如图 13 - 12 所示。该子程序主要完成机械手初始状态复位和返回的原点操作。当机械手手爪松开、右旋、下降、缩回 4 个状态条件满足时,表示机械手处于初始状态,延时 500 ms 后执行回原点操作。当机械手刚好位于原点位置时,则绝对位移 30 mm,执行 Home 模块(绝对位移 30 mm→装载参考点位置→返回原点成功标志)。当机械手位于原点左侧位置时(不可能位于原点右侧),则直接执行 Home 模块(绝对位移 30mm 装载参考点位置,随后返回原点成功标志)。

4. 输送控制子程序

输送单元输送控制子程序是一个步进程序,可以采用置位复位方法来编程,也可以用西门子特有的顺序继电器指令(SCR 指令)来编程。输送控制子程序编程如下:机械手正常返回原点后,机械手伸出抓料,绝对位移 430 mm 移动到加工单元,放料;延时 2 s 抓料,绝对位移 780 mm 移动到装配单元,放料;延时 2 s,抓料,机械手左旋 90°,绝对位移 1 050 mm 移动到分

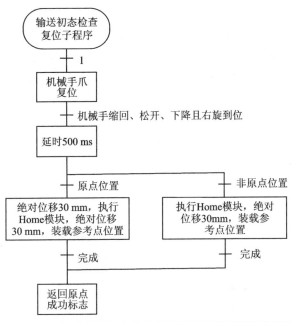

图 13-12 输送单元初态检查复位子程序顺序控制功能图

单元,放料;高速返回绝对位移 200 mm 处,机械手右旋,低速返回原点,完成一个周期的操作。其顺序控制功能如图 13-13 所示。

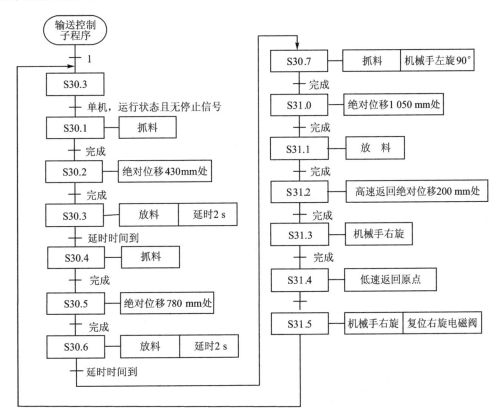

图 13-13 输送单元输送控制子程序顺序控制功能图

5. 抓料子程序

输送单元抓料子程序也是一个步进程序,可以采用置位复位方法来编程,也可以用西门子特有的顺序继电器指令(SCR 指令)来编程。其工艺控制过程为:手爪伸出,延时手爪夹紧,延时 300 ms 控制机械手提升;手爪缩回,夹紧电磁阀复位,返回子程序入口。其顺序控制功能图如图 13－14 所示。

6. 放料子程序

输送单元放料子程序也是一个步进程序,可以采用置位复位方法来编程,也可以用西门子特有的顺序继电器指令(SCR 指令)来编程。其工艺控制过程为:手爪伸出,延时 300 ms,机械手下降,延时 300 ms,手爪松开,手爪缩回,放松电磁阀复位,返回子程序入口,其顺序控制功能如图 13－15 所示。

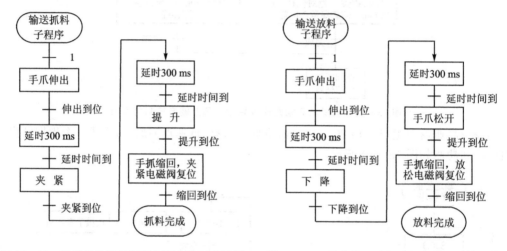

图 13－14 输送单元抓料子程序顺序控制功能图　图 13－15 输送单元放料子程序的顺序控制功能

7. 输送单元单站运行控制程序

输送单元单站运行部分主程序如图 13－16 所示。输送单元的部分子程序如图 13－17 所示。

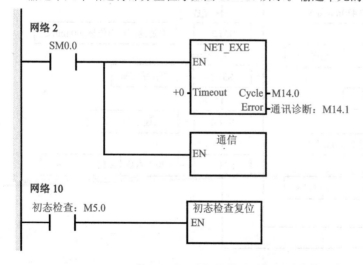

图 13－16 输送单元部分主程序

网络 18

运行状态：M1.0　主控标志：M2.0
运行控制
EN

图 13－16　输送单元部分主程序（续）

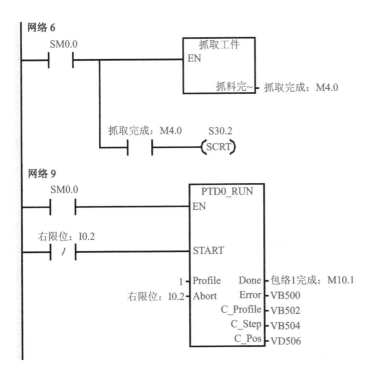

网络 6

SM0.0
抓取工件
EN
抓料完~─抓取完成：M4.0

抓取完成：M4.0　　S30.2
─（SCRT）

网络 9

SM0.0
PTD0_RUN
EN

右限位：I0.2
START

1─Profile　　Done─包络1完成：M10.1
右限位：I0.2─Abort　　Error─VB500
　　　　　　C_Profile─VB502
　　　　　　C_Step─VB504
　　　　　　C_Pos─VD506

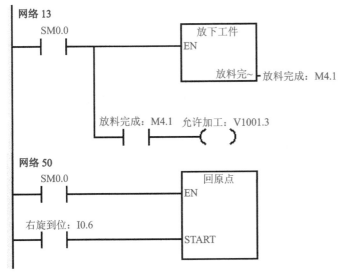

网络 13

SM0.0
放下工件
EN
放料完~─放料完成：M4.1

放料完成：M4.1　允许加工：V1001.3
─（ ）

网络 50

SM0.0
回原点
EN

右旋到位：I0.6
START

图 13－17　输送单元部分子程序

13.3.2　调试与运行

① 调整气动部分,检查气路是否正确,气压是否合理、恰当,气缸的动作速度是否合适。
② 检查磁性开关的安装位置是否到位,磁性开关工作是否正常。
③ 检查 I/O 接线是否正确。
④ 检查原点开关传感器安装是否合理,灵敏度是否合适,以保证检测的可靠性。
⑤ 检查伺服电机各项参数设置是否正确,确保电动机运行正常。
⑥ 放入工件,运行程序,观察输送单元动作是否满足任务要求。
⑦ 调试各种可能出现的情况,如在任何情况下都有可能加入工件,系统都要能可靠工作。
⑧ 优化程序。

13.3.3　问题与思考

① 总结与学会检查气动连线、编码器接线、伺服驱动器参数设置、I/O 检测及故障排除方法。
② 如果在输送过程中出现意外情况应如何处理?
③ 思考输送单元各种可能会出现的问题。

项目测评

选择题

(1) 输送单元中同步轮齿距为 5 mm,共 12 个齿,则旋转一周搬运机械手位移(　　)mm。

A. 5　　　　　　　B. 60　　　　　　　C. 360　　　　　　　D. 12

(2) 双电控二位五通电磁阀,在两端都无电控信号时,阀芯的位置是(　　)。

A. 左位　　　　　　B. 右位　　　　　　C. 中位　　　　　　D. 取决于前一个电控信号

(3) 输送单元使用了几个电磁阀。

A. 4　　　　　　　B. 5　　　　　　　C. 6　　　　　　　D. 7

(4) YL-335B 型自动化生产线设备 所使用的松下 MINAS A5 系列 AC 伺服电机·驱动器,电机编码器反馈脉冲为 2 500 pulse/rev。在默认情况下,驱动器反馈脉冲电子齿轮分-倍频值为 4 倍频。如果希望指令脉冲为 6 000 pulse/rev,那么就应把指令脉冲电子齿轮的分-倍频值设置为(　　)。从而实现 PLC 每输出 6 000 个脉冲,伺服电机旋转一周,驱动机械手恰好移动 60 mm 的整数倍关系。。

A. 10 000　　　　　B. 2 500　　　　　C. 6 000　　　　　D. 10 000/6 000

(5) 输送单元中,松下 A5 系列伺服驱动器,如果想设置成位置控制模式,则 PR0.01 参数设置为(　　)。

A. 1　　　　　　　B. 2　　　　　　　C. 3　　　　　　　D. 0

项目十四　YL－335B 型自动化生产线联机调试

【知识目标】

➢ 掌握 YL－335B 各工作单元组成及功能

➢ 掌握西门子 S7 通信协议及通过向导设置通信的方法与步骤

➢ 掌握 MCGS 组态软件使用及各种常规功能的设计方法

➢ 掌握 YL－335B 各工作单元联机程序编程与调试

➢ 掌握 YL－335B 系统联机调试的故障分析及排除方法

【能力目标】

➢ 能够完成 YL－335B 各工作单元的机械部分安装与调试

➢ 能够完成 YL－335B 各工作单元的电气部分安装与调试

➢ 能够完成 YL－335B 各工作单元的联机 PLC 控制系统设计、安装及调试

➢ 能够完成 YL－335B 各工作单元的准确定位

➢ 能够完成系统的联机调试

➢ 能够正确调整传感器的安装位置及工作模式开关

【素质目标】

➢ 养成良好的职业素养、严谨的工作作风和团结协作的双创精神

【项目描述】

在前面的项目中,重点介绍了 YL－335B 各工作单元作为独立设备工作时的控制过程,本项目将以全国职业技能大赛试题为例,介绍 YL－335B 作为一个综合生产线系统联机运行调试的控制过程。

14.1　MCGS 触摸屏界面设计

14.1.1　触摸屏工程规划

根据工作任务,对工程分析并规划如下:

1. 工程框架

工程框架指主画面。

2. 数据对象

各工作单元以及全线的工作状态指示灯、单机全线切换旋钮、启动、停止、复位按钮、变频器输入频率设定、机械手当前位置等。

3. 图形制作

主画面窗口:

① 文字:通过标签构件实现;

② 各工作单元以及全线的工作状态指示灯、时钟：由对象元件库引入；

③ 单机全线切换旋钮、启动、停止、复位按钮：由对象元件库引入；

④ 输入频率设置：通过输入框构件实现；

⑤ 机械手当前位置：通过标签构件和滑动输入器实现。

4. 流程控制

流程控制通过循环策略中的脚本程序策略块实现。进行上述规划后，就可以创建工程，然后进行组态。

14.1.2　触摸屏工程制作

1. 主画面组态设计

① 新建"窗口 0"，单击"窗口属性"，进入用户窗口属性设置。

② 将窗口名称改为"主画面窗口"，标题改为"主画面"；"窗口背景"中选择所需要颜色。

2. 定义数据对象

各工作单元以及全线的工作状态指示灯、单机全线切换旋钮、启动、停止、复位按钮、变频器输入频率设定、机械手当前位置等，都需要与 PLC 连接，进行信息交换的数据对象。定义数据对象的步骤如下：

① 单击工作台中的"实时数据库"窗口标签，进入实时数据库窗口页。

② 单击"新增对象"按钮，在窗口的数据对象列表中，增加新的数据对象。

③ 选中对象：按"对象属性"按钮，或双击选中对象，则打开"数据对象属性设置"窗口。然后编辑属性，最后加以确定。表 14-1 列出了全部与 PLC 连接的数据对象。

表 14-1　PLC 连接的数据对象

序　号	对象名称	类　型	序　号	对象名称	类　型
1	HMI 就绪	开关型	15	单机全线_供料	开关型
2	越程故障_输送	开关型	16	运行_供料	开关型
3	运行_输送	开关型	17	料不足_供料	开关型
4	单机全线_输送	开关型	18	缺料_供料	开关型
5	单机全线_全线	开关型	19	单机全线_加工	开关型
6	复位按钮_全线	开关型	20	运行_加工	开关型
7	停止按钮_全线	开关型	21	单机全线_装配	开关型
8	启动按钮_全线	开关型	22	运行_装配	开关型
9	单机全线切换_全线	开关型	23	料不足_装配	开关型
10	网络正常_全线	开关型	24	缺料_装配	开关型
11	网络故障_全线	开关型	25	单机全线_分拣	开关型
12	运行_全线	开关型	26	运行_分拣	开关型
13	急停_输送	开关型	27	手爪当前位置_输送	数值型
14	变频器频率_分拣	数值型			

3. 连接设备

将定义好的数据对象和 PLC 内部变量进行连接，步骤如下：

① 打开"设备工具箱",在可选设备列表中,双击"通用串口父设备",然后双击"西门子_S7200PPI"。

② 设置通用串口父设备的基本属性,如图14-1所示。

图14-1　通用串口设备属性设置

③ 双击"西门子_S7200PPI",进入设备编辑窗口,按表14-2的数据逐个"增加设备通道",如图14-2所示。

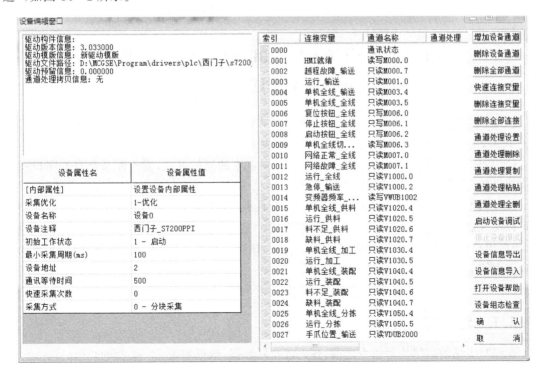

图14-2　PLC连接数据对象设置

4. 主画面制作和组态

按如下步骤制作和组态主画面：

制作主画面的标题文字、插入时钟，在工具箱中选择直线构件，把标题文字按如图 14-3 所示下方的区域划分。区域左面制作各从站单元画面，右面制作主站输送单元画面。

MCGS 触摸屏
软硬件介绍

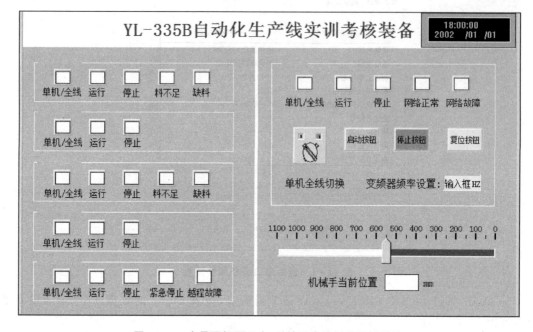

图 14-3　主界面标题文字、时钟及直线划分区域设计

14.2　西门子 S7-200 SMART 型 PLC 的 GET/PUT 通信

PLC 网络的具体通信模式，取决于所选厂家的 PLC 类型。YL-335B 的标准配置为：PLC 选用 S7-200SMART 系列，通信方式则采用西门子 GET/PUT 协议通信。

GET/PUT 协议是 S7-200 SMART PLC 最基本的通信方式，通过原来自身的网口就可以实现通信，是 S7-200 SMART PLC 默认的通信方式。

GET/PUT 通信协议是 Smart 200 CPU 最基本的通信方式，通过原来自身的 LAN 端口就可以实现通信，是 Smart 200 默认的通信方式。提供了数据流通信，但不将数据封装成消息块，因而用户并不接收到每一个任务的确认信号，该协议最大支持 8K 的数据传输。如果在用户程序中使能 GET/PUT 通信主站模式，就可以在主站程序中使用网络读写指令来读写从站信息，而从站程序没有必要使用网络读写指令。

14.2.1　通信数据设计

在编写主站的网络读写指令之前，预先规划好数据，数据如表 14-2 所列。

表 14－2　网络读写数据规划

输 送 站 1＃站(主站)	供 料 站 2＃站(从站)	加 工 站 3＃站(从站)	装 配 站 4＃站(从站)	分 拣 站 5＃站(从站)
发送数据的长度	2字节	2字节	2字节	2字节
从主站何处发送	VB1000	VB1000	VB1000	VB1000
发往从站何处	VB1000	VB1000	VB1000	VB1000
接收数据的长度	2字节	2字节	2字节	2字节
数据来自从站何处	VB1020	VB1030	VB1040	VB1050
数据存到主站何处	VB1020	VB1030	VB1040	VB1050

　　网络读写指令可以向远程站发送或接收16个字节的信息,在CPU内同一时间最多可以有8条指令被激活。YL－335B有4个从站,因此考虑同时激活4条网络读指令和4条网络写指令。

　　根据上述数据,即可编制主站的网络读写程序。但更简便的方法是借助网络读写向导程序。这一向导程序可以快速简单地配置复杂的网络读写指令操作,为所需的功能提供一系列选项。一旦完成,向导将为所选配置生成程序代码。并初始化指定的PLC为以太网主站模式,同时使能网络读写操作。

14.2.2　网络读写向导设置

1. 启动网络读写向导程序

　　要启动网络读写向导程序,在STEP7 SMART V2.0软件命令菜单中选择工具→GET/PUT,并且在指令向导窗口中选择GET/PUT网络读写,就会出现指令向导GET/PUT界面,GET/PUT向导操作如图14－4所示。

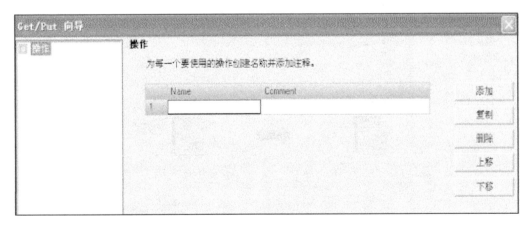

图 14－4　GET/PUT 向导

2. 8项网络读写操作

　　8项网络读写操作如下:第1～4项为网络写操作,主站向各从站发送数据,主站读取各从站数据。第5～8项为网络写操作,主站读取各从站数据。图为第1项操作配置界面,选择PUT操作(按表14－2)主站(输送站)向各从站发送的数据都位于主站PLC的VB1000～

VB1003 处,所有从站都在其 PLC 的 VB1000～VB1003 处接收数据。所以前 4 项填写都是相同的,仅站号不一样。PUT 操作参数设置如图 14-5 所示。

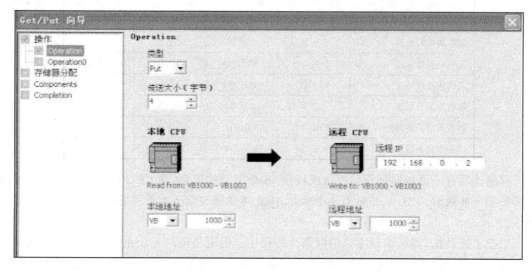

图 14-5 PUT 操作参数设置

3. 进入"下一项操作"

完成前 4 项数据填写后,再单击"下一项操作",进入第 5 项配置,第 5～8 项都是选择网络读操作,按数据规划表中各站规划逐项填写数据,直至 8 项操作配置完成。图 14-6 是对 2# 从站(供料单元)的网络写操作配置,GET 操作参数设置如图 14-6 所示。

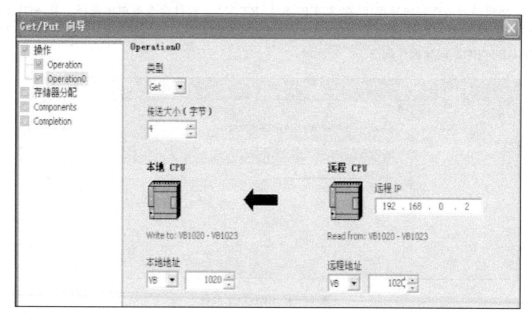

图 14-6 GET 操作参数设置

4. 存储器分配地址

8 项配置完成后,单击"下一步",导向程序将要求指定一个 V 存储区的起始地址,以便将此配置放入V存储区。这时若在选择框中填入一个VB值（例如，VB100），或单击"建议地址"，程序自动建议一个大小合适且未使用的V存储区地址范围。存储器地址分配如图14-7所示。

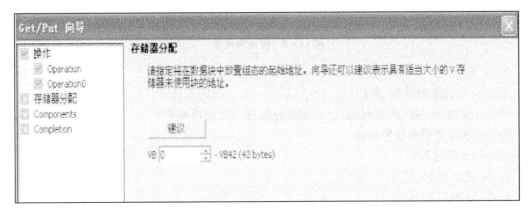

图14-7　存储器地址分配

5. 组件的组成

单击"下一步"，全部配置完成，向导将为所选的配置生成项目组件，如图14-8所示。修改或确认图中各栏目后，单击"生成"，借助网络读写向导程序配置网络读写操作的工作结束。这时，指令向导界面将消失，程序编辑器窗口将增加NET_EXE子程序标记，组件的组成如图14-8所示。

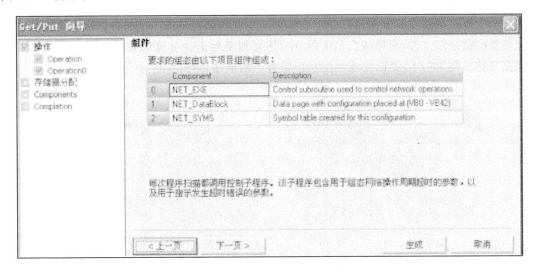

图14-8　组件的组成

6. 梯形图程序和建立

要在程序中使用上面所完成的配置，须在主程序块中加入对子程序"NET_EXE"的调用。使用SM0.0在每个扫描周期内调用此子程序，这将开始执行配置的网络读/写操作，梯形图如图14-9所示。

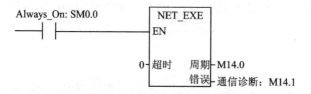

图 14-9 梯形图程序

NET_EXE 有 Timeout、Cycle、Error 等几个参数,其含义如下:

Timeout:设定的通信超时时限,1~32 767 s,若=0,则不计时。

Cycle:输出开关量,所有网络读/写操作每完成一次切换状态。

Error:发生错误时报警输出。

Timeout 设定为 0。

Cycle 输出到 M14.0。

Error 输出到 M14.1。

14.3 YL-335B 联机程序编程与调试

YL-335B 型自动化生产线由供料、输送、装配、加工和分拣 5 个工作单元组成,均设置一台 PLC 承担其控制任务,各 PLC 之间通过 RS485 串行通信的方式实现互联,系统主令工作信号由连接到主站(输送单元)PLC 的触摸屏人机界面提供,主站与各从站之间通过网络交换信息,构成分布式的控制系统。

自动化生产线的主要工作目标是把装配单元料仓内的白色或黑色的小圆柱工件嵌入供料单元提供的待装配工件(金属或白色工件)中,压紧加工后送往分拣单元按一定的套件关系进行成品分拣。图 14-10 是已完成装配和压紧加工的成品工件。

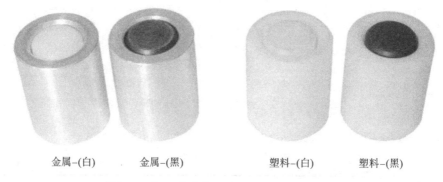

金属-(白)   金属-(黑)   塑料-(白)   塑料-(黑)

图 14-10 已完成装配和压紧加工的成品工件

1. 自动化生产线设备部件安装

完成 YL-335B 自动化生产线的供料、装配、加工、分拣和输送单元的装配工作,并把这些工作单元安装在 YL-335B 的工作桌面上。YL-335B 型自动化生产线各工作单元装置部分的安装位置如图 14-11 所示。图中,长度单位为 mm,要求安装误差不大于 1 mm。

(1) 确定工作单元的安装定位

系统整体安装时,必须确定各工作单元的安装定位,为此首先要确定安装的基准点,即从

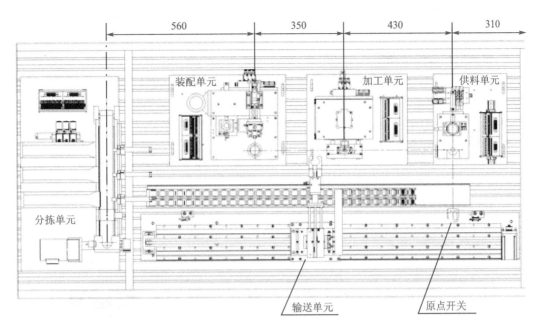

图 14-11　YL-335B 型自动化生产线各工作单元装置安装位置

铝合金桌面右侧边缘算起。图 14-11 指出了基准点到原点距离（X 方向）为 310 mm，这一点应首先确定。然后根据：

① 原点位置与供料单元出料台中心沿 X 方向重合；

② 供料单元出料台中心至加工单元加工台中心距离 430 mm；

③ 加工单元加工台中心至装配单元装配台中心距离 350 mm；

④ 装配单元装配台中心至分拣单元进料口中心距离 560 mm，即可确定各工作单元在 X 方向的位置。

（2）系统安装步骤

由于工作台的安装特点，原点位置一旦确定后，输送单元的安装位置也已确定。在空的工作台上进行系统安装的步骤是：

① 完成输送单元装置侧的安装，包括直线运动组件、抓取机械手装置、拖链装置、电磁阀组件、装置侧电气接口等安装；抓取机械手装置上各传感器引出线、连接到各气缸的气管沿拖链的敷设和绑扎；连接到装置侧电气接口的接线；单元气路的连接等。

② 供料、加工和装配等工作单元在完成其装置侧的装配后，在工作台上定位安装。它们沿 Y 方向的定位，以输送单元机械手在伸出状态时，能顺利在它们的物料台上抓取和放下工件为准。

③ 分拣单元在完成其装置侧的装配后，在工作台上定位安装。沿 Y 方向的定位，应使传送带上进料口中心点与输送单元直线导轨中心线重合，沿 X 方向的定位应确保输送单元机械手运送工件到分拣单元时，能准确地把工件放到进料口中心上。

需要指出的是，在安装工作完成后，必须进行必要的检查和局部试验工作，确保及时发现问题。在投入全线运行前，应清理工作台上残留线头、管线、工具等，养成良好的职业素养。

2. 气路连接及调整

完成 YL-335B 各工作单元的气路连接，并调整气路，确保各气缸运行顺畅和平稳。

3. 电路设计和电路连接

完成 YL-335B 各工作单元的装置侧和 PLC 侧的电气接线，各工作单元装置侧的信号分配和 PLC 的 I/O 分配应自行确定。

根据工作任务的要求，设置松下 A5 伺服驱动器与 MM420 变频器的参数。

4. 各站 PLC 网络连接

本系统的 PLC 网络指定输送单元作为系统主站。应根据用户所选用的 PLC 类型，选择合适的网络通信方式并完成网络连接。

5. 连接触摸屏并组态用户界面

触摸屏应连接到系统中主站 PLC 的相应接口。在 TPC7062TI 人机界面上组态画面，主界面窗口如图 14-12 所示。

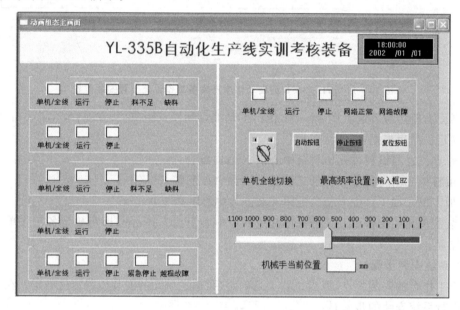

图 14-12　主界面窗口组态

主界面组态应具有下列功能：

提供系统工作方式（单站/全线）选择信号和系统启停信号。

在人机界面上动态显示输送单元机械手装置当前位置（以原点位置为参考点，度量单位为 mm）。

指示网络的运行状态（正常、故障）。

设定变频器运行频率。

指示各工作单元的运行、故障状态。其中故障状态包括：

供料单元的供料不足状态和缺料状态。

装配单元的供料不足状态和缺料状态。

输送单元抓取机械手装置越程故障（左或右限位开关动作），以及工作单元运行中的紧急停止状态。发生上述故障时，有关的报警指示灯以闪烁方式报警。

6. 程序编制及调试

系统的工作模式为全线运行模式。仅当所有单站在停止状态且选择到全线方式,以及人机界面中选择开关置为全线运行方式,系统才能投入全线运行。

(1) 系统正常的全线运行模式步骤

系统在上电,S7网络正常后开始工作。触摸人机界面上的复位按钮,执行复位操作,复位过程包括使输送单元机械手装置回到原点位置和检查各工作单元是否处于初始状态。各工作单元初始状态是指:

① 各工作单元气动执行元件均处于初始位置。

② 供料单元料仓内有足够的待加工工件。

③ 装配单元料仓内有足够的小圆柱工件。

④ 抓取机械手装置已返回参考点停止。

若上述条件中任一条件不满足,则安装在装配单元上的绿色警示灯以 2 Hz 的频率闪烁,红色和黄色灯均熄灭,这时系统不能启动。

如果上述各工作单元均处于初始状态,绿色警示灯常亮。这时若触摸人机界面上的启动按钮,系统启动,绿色和黄色警示灯均常亮,并且供料单元、加工单元和分拣单元的指示灯HL3 常亮,表示系统在全线方式下运行。

(2) 供料单元的工作流程

如果供料单元出料台上没有工件,即进行把工件推到出料台上的操作,直到计划生产任务完成。

(3) 装配单元的工作流程

① 启动后,如果回转台上的左料盘内没有工件,就执行下料操作;如果左料盘内有工件,而右料盘内没有工件,执行回转台回转操作。

② 如果回转台上的右料盘内有工件且装配台上有待装配工件,开始执行装配过程。执行装配机械手抓取工件,放入待装配工件中的操作。装入动作完成后,向系统发出装配完成信号。

③ 完成装配任务后,装配机械手应返回初始位置,等待下一次装配。

(4) 加工单元的工作流程

启动后,当加工台上有工件且被检出后,设备执行将工件夹紧,送往加工区域冲压,完成冲压动作后返回待料位置的工件加工工序。

(5) 输送单元的工艺工作流程

① 输送单元接收到人机界面发来的启动指令后,即进入运行状态,并把启动指令发往各从站。

② 当接收到供料单元的"出料台上有工件"信号后,输送单元抓取机械手装置应执行抓取供料单元工件的操作。动作完成后,伺服电动机驱动机械手装置以不小于 300 mm/s 的速度移动到装配单元装配台的正前方,把工件放到装配单元的装配台上。

③ 接收到装配完成信号后,机械手装置应抓取已装配的工件,然后从装配单元向加工单元运送工件,到达加工单元的加工台正前方,把工件放到加工台上。机械手装置的运动速度要求与②相同。

④ 接收到加工完成信号后,机械手装置应执行抓取已压紧工件的操作。抓取动作完成后,机械手臂逆时针旋转 90°,然后伺服电动机驱动机械手装置移动到分拣单元进料口。执行在传送带进料口上方把工件放下的操作。机械手装置的运动速度要求与②相同。

⑤ 机械手装置完成放下工件的操作并缩回到位后,手臂应顺时针旋转 90°,然后伺服电动机驱动机械手装置以不小于 400 mm/s 的速度,高速返回原点。

（6）分拣单元的工作流程

分拣单元接收到系统发来的启动信号时，即进入运行状态。当输送单元机械手装置放下工件缩回到位后，分拣单元的变频器即启动，驱动传动电动机以人机界面设定变频器运行频率的速度，把工件带入分拣区进行分拣。工件分拣原则如下：金属工件到达 1 号滑槽中间时，传送带停止，推料气缸 1 动作把工件推出；当白色工件到达 2 号滑槽中间时，传送带停止，推料气缸 2 动作把工件推出。黑色套件到达 3 号滑槽中间时.传送带停止，推料气缸 3 动作把工件推出。当分拣气缸活塞杆推出工件并返回后，向系统发出分拣完成信号。

（7）系统的停止

按下系统人机界面中系统停止按钮，各工作单元完成当前工作任务后停止。

7. 各个单元部分联机程序设计

由于篇幅限制，不便于完整展示程序全部内容，这里依次介绍每个单元的部分程序，输送单元部分联机程序如图 14 - 13 所示；供料单元部分联机程序如图 14 - 14 所示；加工单元部分联机程序如图 14 - 15 所示；装配单元部分联机程序如图 14 - 16 所示；分拣单元部分联机程序如图 14 - 17 所示。

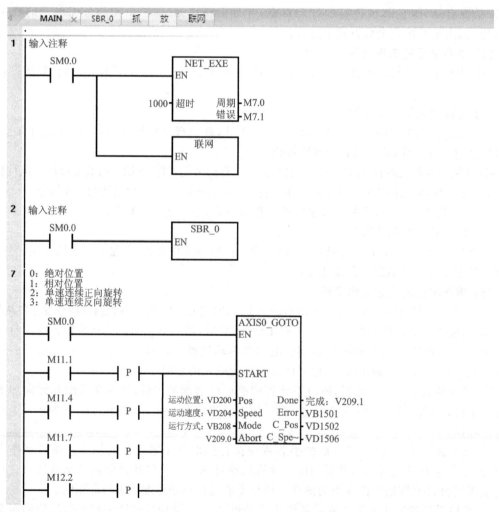

图 14 - 13　输送单元部分联机程序

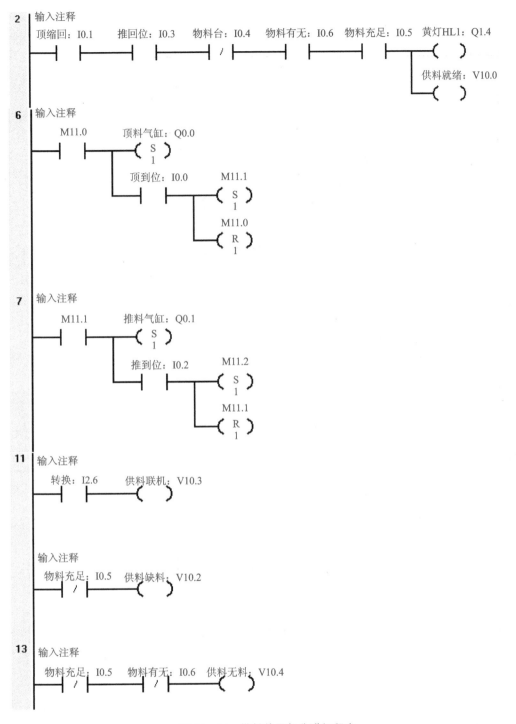

图 14-14　供料单元部分联机程序

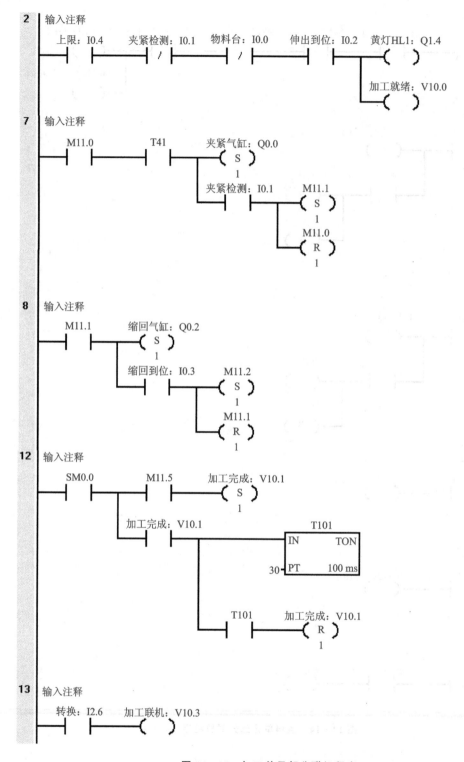

图 14-15　加工单元部分联机程序

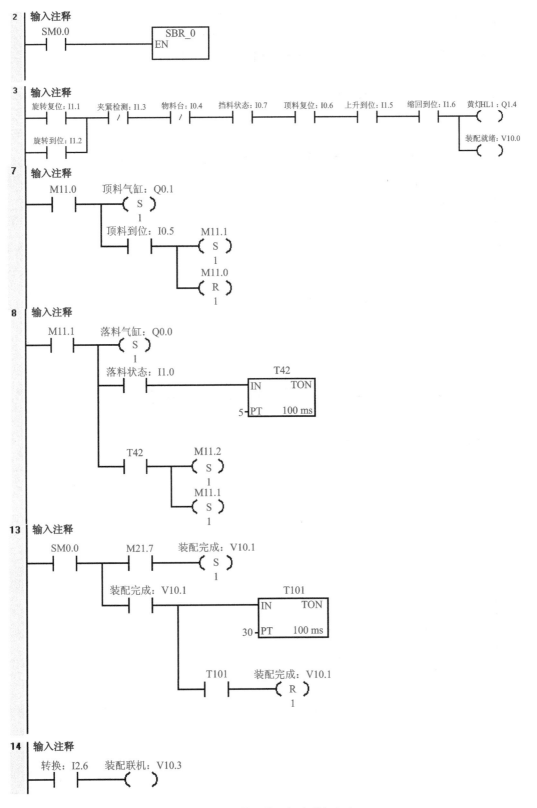

图 14-16 装配单元部分联机程序

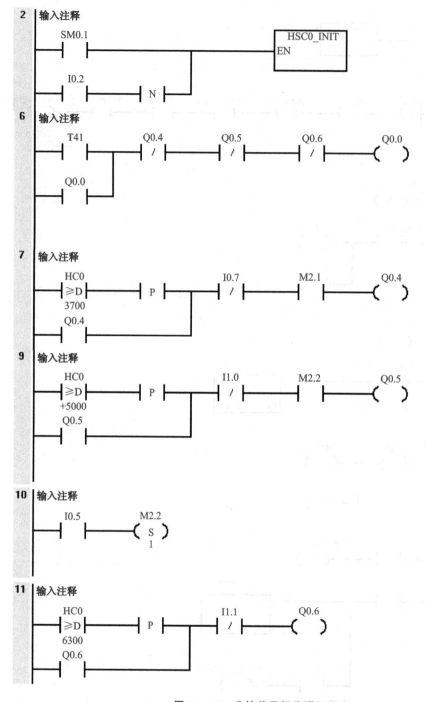

图 14 - 17　分拣单元部分联机程序

14.4　常见故障诊断与排除

YL－335B 生产线常见
故障分析与排除

常见故障 1:设备无法正常供电。

故障现象:电源空气开关无法闭合。

解决办法:按下黑色小按钮,缓慢闭合空开。

常见故障 2:气路异常。

故障现象:机械手夹不住工件,工件掉落。

解决办法:气压过低,增大调压阀输出气压。

常见故障 3:传感器异常。

故障现象:自动线工作时突然停止,不继续运行。

解决办法:检查当前动作到位的传感器信号是否正常。

常见故障 4:工件分拣异常 1。

故障现象:工件颜色和材质识别错误。

解决办法:调节光纤传感器灵敏度,电感式传感器位置是否正确。

常见故障 5:工件分拣异常 2。

故障现象:推料气缸没有将工件推进滑槽。

解决办法:检查旋转编码器计数和程序编写是否正确。

常见故障 6:伺服电机工作异常 1。

故障现象:伺服电机不运动。

解决办法:检查驱动器是否有报错,机械手是否压下左右限位开关。

常见故障 7:伺服电机工作异常 2。

故障现象:伺服电机运行方向错误。

解决办法:查看方向端 Q0.2 是否接错或者程序是否正确。

常见故障 8:系统供料指示异常。

故障现象:料仓缺料,警示灯不闪烁。

解决办法:检查供料单元和装配单元料仓位置放置或物料有无传感器工作是否正常。

常见故障 9:系统复位异常。

故障现象:不能正常复位。

解决办法:检查各个工作单元的机械位置是否在初始状态,各个位置检测传感器是否正常,PLC 的对应输入地址是否有正常信号。

常见故障 10:操作设备无效。

故障现象:按启动或复位等主令信号无反应。

解决办法:各个单元的单站联机开关是否闭合。检查急停开关是否被按下,触摸屏联机开关是否闭合等。

常见故障 11:装配单元回转气缸异常。

故障现象:小工件被甩出。

解决办法:调节单向节流阀,保证气缸旋转速度合适,或者检查旋转到位磁性开关工作是否正常。

项目测评

选择题

(1) 亚龙 YL－335B 型自动化生产线实训设备各 PLC 之间通过（　　　）通信实现数据交换。

A. RS486 　　　　　B. RS485 　　　　　C. RS232 　　　　　D. S7

(2) YL－335B 型自动化生产线设备的输送单元的工作电压为（　　）。

A. 110 V 　　　　　B. 380 V 　　　　　C. 24 V 　　　　　D. 220 V

(3)（　　　）是 YL－335B 型自动化生产线设备系统中最为重要同时也是承担任务最为繁重的工作单元。

A. 加工单元 　　　　B. 供料单元 　　　　C. 输送单元 　　　　D. 分拣单元

(4) YL－335B 型自动化生产线设备触摸屏的型号是（　　　）。

A. TPC7062TI 　　　B. TPC1062TI 　　　C. TPK700 　　　　D. TP900

(5) YL－335B 型自动化生产线设备主程序结构在联机方式下，系统复位的主令信号，由（　　　）发出。

A. 加工单元 　　　　B. 输送单元 　　　　C. 装配单元 　　　　D. 分拣单元

项目测评答案

项目一
(1) A (2) C (3) A (4) D (5) D

项目二
(1) C (2) A (3) A (4) A (5) B

项目三
(1) C (2) C (3) D (4) B (5) C

项目四
(1) C (2) D (3) D (4) C (5) C

项目五
(1) D (2) C (3) D (4) A (5) B

项目六
(1) C (2) D (3) C (4) C (5) C

项目七
(1) B (2) A (3) C (4) C (5) D

项目八
(1) D (2) C (3) A (4) C (5) B

项目九
(1) A (2) B (3) A (4) C (5) A

项目十
(1) D (2) A (3) B (4) A (5) B

项目十一
(1) A (2) A (3) B (4) D (5) D

项目十二
(1) D (2) A (3) C (4) A (5) C

项目十三
(1) B (2) D (3) C (4) D (5) D

项目十四
(1) D (2) C (3) C (4) A (5) B

参考文献

[1] 钟苏丽 刘敏.自动化生产线安装与调试[M].北京:高等教育出版社,2017.

[2] 徐沛.自动生产线应用技术[M].北京:北京邮电大学出版社,2019.

[3] 吕景泉.自动化生产线安装与调试[M].北京:中国铁道出版社,2009.

[4] 雷声勇.自动化生产线装调综合实训教程[M].北京:机械工业出版社,2014.

[5] 赵振,王秋敏.自动化生产线安装与调试[M].天津:天津大学出版社,2014.